U0260174

森林报

[苏]比安基 / 著

肖复兴 / 主编

吉林出版集团股份有限公司
全国百佳图书出版单位

图书在版编目（CIP）数据

森林报. 秋 /（苏）比安基著；肖复兴主编. — 长春：吉林出版集团股份有限公司，2011.7（2022.8重印）

ISBN 978-7-5463-5986-1

Ⅰ. ①森… Ⅱ. ①比… ②肖… Ⅲ. ①森林–少年读物 Ⅳ. ①S7-49

中国版本图书馆CIP数据核字（2011）第143831号

森林报 · 秋

SENLINBAO QIU

著　　者：[苏] 比安基
主　　编：肖复兴
责任编辑：矫黎晗
封面设计：尚世视觉
出　　版：吉林出版集团股份有限公司
发　　行：吉林出版集团青少年书刊发行有限公司
电　　话：0431-81629808
印　　刷：唐山玺鸣印务有限公司
开　　本：880mm × 1230mm　　1/32
字　　数：120千字
印　　张：6.5
版　　次：2011年7月第1版
印　　次：2022年8月第5次印刷
书　　号：ISBN 978-7-5463-5986-1
定　　价：29.80元

序言

《森林报》是苏联著名儿童文学作家比安基最著名的作品。1924~1925年，比安基开始在《新鲁宾孙》杂志上撰写描写森林生活的专栏，渐渐形成了“报纸”的特点，这就是《森林报》的雏形。1927年，《森林报》结集出版，便有了这部在苏联儿童文学中占有独特地位的名著。

比安基(1894~1959)是苏联著名的儿童文学作家、动物学家。1894年，比安基出生在一个充满自然气息的家庭，他的父亲是苏联知名的自然科学家。从小，比安基就跟随父亲上山打猎，跟家人到郊外、乡村或海边去住。在那里，父亲教会他怎样观察、积累和记录大自然的全部印象，例如怎样根据飞行的模样识别鸟儿，根据脚印识别野兽……这不仅开阔了他的视野，更使他深深地爱上了大自然。他决心用自己的笔将这幅神奇、美丽的画卷描绘出来，这便是他创作自然文学的初衷。

后来他在科学考察、旅行、狩猎及与护林员、老猎人的交往过程中留心观察和研究自然界的各种生物，积累了丰富的素材，为以后的文学创作打下了坚实的基础，使他笔下的生灵栩栩如生，形象逼真动人。

1928年问世的《森林报》是他正式走上文学创作道路的标志。1959年6月10日，比安基在列宁格勒（今圣彼德堡）逝世，享年65岁。他在30余年的创作生涯中，写过大量科普作品、小说和童话，其中，《森林报》是他最杰出的代表作。除此之外，《少年哥伦布》《写在雪地上的书》《无所不知的兔子》《小老鼠比克流浪记》《大山猫历险记》等同样深受广大读者的喜爱。比安基曾坦言自己创作大自然文学的出发点和归宿是传递爱，引导孩子热爱大自然，善待动物。只有这样，热爱祖国的人才能在自己国家的大自然中发现大大小小的奥秘并将它们一一展示出来，从而给予人们享用不尽的乐趣。作为苏联自然文学最突出的代表，比安基被誉为“发现森林的第一人”。

《森林报》于1928年问世（此说据1962年俄文版《简明文学百科全书》，与本书《致读者》所说的1927年不符，立此存照），在此后的几十年里一再重版（至1961年已出到第十版），究其原因，就是它以新颖的视角和独特的表现手法宣扬了“人与自然和谐相处”的主题，具有恒久不衰的生命力。如果说作家在中短篇小说中描写的主要是动物故事及与动物相关的人的故事，那么《森林报》则向读者全面展示了自然界的万千气象，举凡天地水陆大部分的生灵都有涉及。不仅如此，他还对当时苏联各地的山川湖泊等自然环境有生动的描述，使小读者在轻松愉快、饶有趣味的阅读中，潜移默化地产生对祖国的热爱之情。

这部作品不但内容有趣，编写方式也极其新颖：作者采用报刊的形式以春、夏、秋、冬四季12个月为顺序，用轻快的笔调，有层次、有类别地报道了发生在大森林里的故事：冰消雪融，春暖花开，秋风落叶，酷寒难耐；最先绽放的花儿，最早回归的鸟儿；云杉、白桦与白杨之间的“三国演义”；农庄里的稀罕事儿，城市角落里的秘密……比安基用富有美感的文字，将动植物的生活表现得栩栩如生，引人入胜。

关于《森林报》的意义，比安基曾说：“我们的读者应该了解自然界的生活，这样就可以去改造自然，按自己的意愿左右动植物的生活。这样，我们的读者长大之后，就能亲手培育出惊人的植物新品种，管理森林，为国家造福。但是，首先要热爱并熟悉祖国的土地，了解大地上的动植物和它们的生活……”

当时已进入21世纪，经济的发展、科技的进步使人类因对大自然过度的索取而受到大自然愈加强烈的惩罚时，“人与自然和谐相处”的命题从来没有像今天这样严峻地摆在作为万物灵长的人类面前。希望《森林报》又一个中译本的问世，能对中国未来的一代早早地树立起热爱自然、关注环境的理念产生积极的影响。

《森林报》的俄文原版在每次新版问世时，都对上一版有所修订，内容或增或减，但基本栏目保持不变，所增减者仅止原栏目内的篇目或新增栏目。如此看来，谓其“年报”自有道理。从

目前我国新出版的几个不同版本的中译本看，由于所据原著版本有别，中译本的内容也略有不同。

本书译文生动精准，纠正了其他译本中很多知识性的错误，且优美流畅，充分展现出原著里的浓厚诗情和盎然生机。另外，本书还配置了300余幅精美插图，由国内著名插画师绘制，图片色彩艳丽、层次分明、神态逼真、生动活泼，极大地提高了阅读的趣味性。引领孩子们在赏心悦目的情境中，走近景象万千的大自然，开始一段浪漫清新的精神旅行，领悟生命轮回的意义。

书中涉及的动植物知识广博，以译者的浅陋，在翻译过程中遇到的困难是很多的，有时可能超过文学经典翻译中所遇的困难，需要查阅许多工具书和资料。即使这样，仍然可能会出现译者力所不逮的问题。对此，谨祈同行和专家批评指正。

目 录

No.7 候鸟辞乡月（秋一月）

一年：太阳在 12 个月内谱写的乐章......3

林中轶闻......6

来自森林的第四封电报 6/ 离歌 7/ 玻璃一样的早晨 8/ 水中之旅 11
林中的决战 11/ 最后一批浆果 13/ 候鸟启程 14/ 等待帮手 14
秋季的蘑菇 16/ 来自森林的第五封电报 17

城市要闻......19

“强盗”的袭击 19/ 午夜惊魂 20/ 来自森林的第六封电报 22
仓鼠 22/ 忘记了采蘑菇 23/ 喜鹊 24/ 寻找栖身之地 25
候鸟飞往越冬的地方 / 空中俯瞰秋景 27
什么种类的鸟儿往什么地方飞 28/ 从西往东飞 29
Φ-197357 号脚环的简史 30/ 从东往西飞 31/
向北，越过长夜漫漫的地区 32/ 候鸟迁徙之谜 34

林间大战（续完）......35

和平树 37

农场纪事......38

沟壑的征服者 39/ 采集树种 40/ 我们的想法 40

农场新闻 41

挑选母鸡 41/ 乔迁新居 42/ 星期天 43/ 把小偷关起来 44

基特的故事 45

在篝火边 45

狩猎 51

上当的黑琴鸡 51/ 好奇的雁 54/ 六条腿的马 56/ 应战 57
开禁了，猎兔去 / 出发 59/ 围猎 60

祖国各地无线电大串联！ 66

呼叫！呼叫！ 66/ 亚马尔半岛冻土带广播电台！ 66
乌拉尔原始森林广播电台！ 67/ 沙漠广播电台！ 69
世界屋脊广播电台！ 70/ 乌克兰草原广播电台！ 72
海洋广播电台！ 73

打靶场 76

第七场竞赛 76

通告 79

“火眼金睛”大比拼 / 第六次测试 80

No.8 粮食储备月（秋二月）

一年：太阳在 12 个月内谱写的乐章 ...85

林中轶闻 87

准备过冬 87/ 雪下过冬 88/ 准备过冬的植物 89
储藏蔬菜 90/ 松鼠的阳台 91/ 活体储藏室 91
自备式储藏室 92/ 小偷反被偷 93/ 夏天又到了吗？ 95
受惊的青蛙 96/ 红胸脯的小鸟 97/ 捉松鼠 98/ 我的小鸭 99
星鸦之谜 100/ 害怕 102/ 女巫的扫帚 102/ 绿色纪念碑 104
候鸟飞往越冬地（续完）/ 复杂的迁徙原因 105/ 其他原因 107
一只小杜鹃的简史 110/ 无法破解之谜 111/ 风的等级 113

农场纪事 115

农场新闻 / 昨天 116/ 营养又美味 116/ 来自果园的消息 117
适合老人采的蘑菇 117/ 冬前播种 118/ 农场植树周 119

城市要闻 120

在动物园里 120/ 没有螺旋桨的飞机 120/ 去看看野鸭 122
鳗鱼的最后旅程 122

狩猎……124

野外追逐 124/ 地下搏斗 127

打靶场……134

第八场竞赛 134

通告……137

“火眼金睛”大比拼 / 第七次测试 137

No.9 冬客临门月（秋三月）

一年：太阳在 12 个月内谱写的乐章……141

林中轶闻……143

奇妙的现象 143/ 森林并非一片沉寂 144/ 飞花 144
北方飞来的鸟 145/ 东方飞来的鸟 146/ 该冬眠了 147
最后的飞行 148/ 貂捕松鼠 149/ 兔子的阴谋 150/ 不速之客 153
啄木鸟的作业场 154/ 向熊请教 155/ 严格的采伐计划 156

农场纪事……159

我们比它们更聪明 160/ **农场新闻** / 吊在细丝上的家 160
棕色的狐狸 161/ 温室里的劳动 162/ 不用盖厚被 162/ 助手 164

城市要闻……165

群鸟聚会 165/ 侦察兵 165/ 充满诱惑的陷阱 167

狩猎……168

猎灰鼠 168/ 带斧头打猎 173/ 猎貂 173/ 白天和黑夜 177

打靶场……178

第九场竞赛 178

通告……181

“火眼金睛”大比拼 / 第八次测试 181

打靶场答案 /183

第七场竞赛 183/ 第八场竞赛 185/ 第九场竞赛 186

“火眼金睛”大比拼答案及解释 /189

第六次测试 189/ 第七次测试 190/ 第八次测试 191

基特的故事释疑 /192

在篝火边 192

森林报

No.7

候鸟辞乡月

（秋一月）

一年：太阳在 12 个月内谱写的乐章

9 月——大地上草木枯黄，鸟兽哀号，一片萧条之色。天空里的云朵也因忧伤而变得昏沉沉的，秋风向大地母亲低声诉说着什么。就这样，秋季的第一个月降临了。

跟春天一样，秋天也拥有一份属于它自己的工作时间表，不过，和春天不同的是，秋天的工作是从天空中开始的。秋天的树叶在枝头上由黄变红，再由红变褐。因为照射在它们身上的阳光不能满足它们的需要，所以它们开始枯萎了，很快，它们就丧失了原本属于它们的碧绿的色彩。在叶柄连接树叶的地方，出现了一个衰老的环状带。即便是没有一丝微风的日子里，树叶也会自然飘落：忽而这边飘下一片黄色的桦树叶子，忽而那边落下一片红色的白杨叶子，它们在空中轻轻地飞舞，悄悄地从地面滑过。

清晨，当你从睡梦中醒来的时候，第一次看见青草上铺了一层白霜，于是，你在日记中记下："秋天降临了！"从这一天开始，更准确地讲，是从这一夜起，秋天降临了。越来越多的树叶

开始与大树母亲告别，从枝头飘落，直到最后，刮起了横扫残留秋叶的西风，把森林整套华丽漂亮的夏装完全脱下。

雨燕从我们的视野中消失了。家燕以及其他一些在我们这一带过夏的候鸟，都开始呼朋引伴，在漆黑的夜晚，悄悄地开始了它们遥远而又漫长的旅程。天空越来越空旷，河水也越来越凉，人们已经不愿意再下到河里去游泳了……

可是，突然之间，好像是为了纪念那个火热的夏季，天气又变得温暖晴朗起来。一根根细长的蛛丝在宁静的空中轻轻地晃悠着，泛着银色的光芒……田野里出现了一抹抹清新可人的新绿，迎着风，在阳光下闪耀。

“夏婆婆仿佛又回来了！”村里的人们兴奋地奔走相告，开开心心地观望着田地里一片片充满生机的秋播作物。

森林里的居民们开始为漫长的冬季做准备了。正在孕育中的小生命也都安全地躲藏了起来，把自己包裹得严严实实。大自然对这些生命的关怀和照顾，都即将告一段落，一直要等到来年的春天。

只有兔妈妈们还在不停地忙活，它们似乎不愿意承认夏天已经过去了，于是又生下了一窝兔宝宝！这一批小兔子被人们称为“秋兔”。这个时候，一些细柄的可以吃的蘑菇也长出来了。夏季就这样结束了。

候鸟离家的日子到来了。

跟春天一样，这个时候，我们的记者们又从森林里给我们发来了一封封电报：每一刻都有新的消息，每一天都有大的事件。就像春天从南方返回一样，鸟群又开始大迁徙了，不同的是，这一回它们要从北往南飞。

秋天就这样拉开了帷幕！

林中轶闻

来自森林的第四封电报

那些身穿五颜六色的华丽衣服的鸣禽都消失了踪影，我们没有看见它们启程时的情况，因为它们都是在半夜的时候离开的。

许多鸟儿更愿意选择在夜里飞行，因为夜里比白天更安全。游隼、鹞鹰以及其他猛禽，早就从森林里飞了出来，正在半路上等着这些迁徙的鸟儿呢。在黑夜里，这些猛禽是不会去攻击它们的，候鸟却能认清飞往南方的路线。

野鸭、潜鸭、大雁和鹬这类水禽也开始在海上长途航线上出现了。它们飞累了就在春天曾落脚歇息过的地方休息。

森林里的树叶渐渐枯黄。兔妈妈又生下了 6 只小兔子。这是今年最后一窝儿了，所以人们管它们叫“秋兔”。

在海湾内的淤泥岸上，每天夜里不知道是谁在上面留下了许多小十字形的印记。这些小十字和小点子，遍布整块淤泥岸。我们在海湾的岸上搭建了个小棚子，想偷偷看个究竟：是谁如此地淘气。

离　歌

白桦树上的叶子，已经凋零得所剩无几了。只剩下一个被主人丢弃了很久的小房子——椋鸟巢，在光秃秃的树枝上随风左右摇晃。

不知道什么原因，突然有两只椋鸟飞了过来。雌鸟一钻进了窝里，紧张得忙活起来。雄鸟则停靠在枝头，不停地向四周环顾，然后唱起动听的歌来！歌声不是很大，好像是唱给自个儿听的。

雄鸟一曲唱毕，雌鸟就从鸟巢里钻了出来，然后迅速地向鸟群飞去。雄鸟也紧随其后，飞了过去。是该离开的时候了，不是今天，就是明天，它们就要踏上遥远的征程了。

它们是来和它们的家告别的。今年夏天，它们就是在这所小房子里孵出了幼鸟。

它们不会忘记这个安乐舒适的家，来年的春天它们还会回到这里居住。

玻璃一样的早晨

（选自少年自然科学爱好者的日记）

9月15日

这天秋高气爽。我和平常一样，一清早就跑到花园里溜达。

我走到屋外，一仰头就看见了那高远纯净的天空。户外的空气使人感觉到丝丝凉意，银白色的蜘蛛网，像一块块乳白的绸纱，挂满了乔木、灌木和青草之间。在每一张晶莹剔透的蛛网上，都有一只纤细的蜘蛛。

在两棵小云杉的树枝之间，一只小蜘蛛结起了一张银白色的网。早晨的露水落在这张网上，把蛛网衬托得好像是玻璃做的似的，只要轻轻一碰，它仿佛就要叮当一声碎掉。小蜘蛛缩成一个团儿，纹丝不动，好像是僵硬了一样。苍蝇还没飞出来，它干脆就躺在那儿睡觉。不过，也有可能它早就被冻僵了，冻死了吧？

我用小指头轻轻地碰了一下小蜘蛛。

小蜘蛛没有丝毫反应，就像是一粒粘在蛛网上的小石子一般滚落到地上。然而一落到草地上，它就立马张开爪子，爬到一边儿躲了起来。

好一个伪装高手！

我不知道它还会不会再次回到这张它曾经待过的网上？它还能找到这个它曾经的家吗？或者是它将放弃这儿的一切，另外再织一张新的蛛网？为了织一张新网，它得付出多少艰辛的劳动啊——来回奔走，转圈打结，这得耗费它多少心血和汗水啊！

晶莹剔透的露珠在纤细的小草尖儿上微微抖动，好像挂在细细的睫毛上的泪珠。它们闪烁着，跳跃着，释放出喜悦的光辉。

路边幸存的最后几朵小野菊，耷拉着它们暗黄色的花裙，等待着清晨的第一缕阳光来温暖它们。

清晨的空气有丝丝的凉意，但很纯净，就好像一大块儿透明而易碎的玻璃。无论是那些绚丽夺目的树叶，还是被清晨的露水和蛛网衬托成莹白色的小草，或是那条比夏天时显得更为湛蓝的小溪，它们都是如此的漂亮华丽，让人深深地陶醉其中。我看见的最丑陋的东西，莫过于那棵湿漉漉，显得破败不堪的蒲公英和一只毛茸茸的夜蛾了。蒲公英那白色的绒毛都粘在了一起，成了模糊的一团，而那只夜蛾的脑袋则不知道被哪只鸟啄烂了。想象一下在刚过去的夏天，蒲公英头上顶着千万把小伞，微风一

吹，漂亮极了！而夜蛾呢，也曾经是毛茸茸的，脑袋既光滑又干净，那时候它们多么神气啊！

真是一些薄命的家伙，我从内心深处怜惜它们，于是便小心地拔下蒲公英，拾起夜蛾，把它们捧在手心儿里，让已经升到半空中的太阳晒着它们，温暖着它们。蒲公英和夜蛾浑身都是湿漉漉的，没有一丝儿热气，它们身上仅残存着最后一丝生机。它们终于慢慢地苏醒过来，恢复了一丝活力。蒲公英头上那些粘在一起的绒毛都干了，变成白色的小降落伞，一个个都轻盈地飞了起来；而夜蛾的翅膀也恢复了往日的活力，变回了毛茸茸的样子，泛着鲜亮的光泽。原本两个残缺不全、丑陋不堪的家伙重新恢复了昔日的风采。

森林附近，一只黑琴鸡在低声地咕噜着。

我轻手轻脚地朝着灌木丛走了过去，想从灌木丛后面悄悄地走近它身边，看看它是如何在玩那些在春天里曾经玩过的游戏，看看它如何自言自语，啾啾地叫唤。

我刚刚走到灌木丛前，只听见黑琴鸡扑噜一声，挨着我的脚就飞了起来，它振翅的声音吓了我一跳。

原来，它就藏在我的脚边，我还以为它离我很远呢！

这个时候，一阵喇叭似的鹤鸣声从远处传来，原来是一群鹤从森林上方飞过。

它们正要离开我们……

驻森林记者　维丽卡

水中之旅

路边的野草都失去了往日的活力，一个个无精打采地耷拉着脑袋。

以行走著称的秧鸡，已经开始了它漫长的旅途。

潜鸟和潜鸭现身于海上的长途航线上。平常很少见它们使用双翅飞行，它们经常潜到水里去捕鱼。它们就这么快乐地游啊游，游过了众多的湖泊和港湾。

它们不像野鸭那样笨拙，还得先在水面上抬起身子，然后再猛地扎到水里。它们的身子极为灵巧，只需稍微低头，再用船桨一样的脚蹼用力一蹬，就能钻进深水。潜鸟和潜鸭在水里，跟鱼儿一样，自由自在、来去自如，没有哪一种猛禽能够在水底追得到它们。它们游泳的速度甚至能赶上水里的鱼儿。

但是，它们的飞行速度比起那些动作快如闪电的猛禽可就差远了。因此，它们犯不着冒着危险飞到空中去，只要是有水的地方，它们就可以利用游泳来进行长途旅行。

林中的决战

大约傍晚时分，森林里面传来了一阵阵短暂的、低沉的吼

叫声。那是森林中的勇士——长着长长的犄角，身材高大威猛的公驼鹿走过来的信息。它们用低沉的怒吼声向对手发出挑战，那发自胸腔的声音带着无比的怒意。

勇士们在森林的空旷地带相遇了。它们奋力地用蹄子刨着脚下的泥土，威风无比地用力摇晃着那令人生畏的沉重犄角。它们的双眼布满了血丝，低下长着大犄角的头，弓起身子，凶猛地朝对方扑过去。它们的犄角时而发出噼里啪啦的撞击声，时而勾在一起。它们用巨大身躯发出的全部力量猛烈地撞击对手，想扭断对方的脖子，置对方于死地。

它们时而分开，时而冲锋陷阵，一会儿把身子弯到着地，一会儿又用后腿支撑起来，以便使犄角具有更大的杀伤力。

巨大的犄角迅猛地撞在一起，发出沉闷的咚咚声，传到很远的地方。人们往往称公驼鹿为杈角兽，因为它们的犄角又宽又大，样子像树杈。

战败了的公驼鹿有两种命运：要么慌慌张张地逃离这块耻

辱之地；要么受到大犄角致命的袭击后，被对手折断脖子，鲜血淋淋地倒在地下。获胜的一方绝不会善罢甘休，它会用锋利的蹄子践踏对手，直到对手死去为止。

这时，巨大而雄壮的吼声会再一次在森林里响起——这是权角兽吹起的意味着胜利的号角。

森林深处，有一只没有犄角的母驼鹿正在静静地等候胜利者的凯旋。获胜的公驼鹿从此将成为这一地带的主人。它再也不允许其他驼鹿侵犯它的领地，甚至连刚出生的年轻的小驼鹿，也会无情地被它赶出自己的领地。

公驼鹿那如同响雷般的嘶哑吼叫声再一次响起，传到森林里很远很远的地方。

最后一批浆果

沼泽地里的红莓苔子已经成熟了，它们都扎根在泥炭的草墩上，浆果肆无忌惮地垂到了青苔上。在很远的地方就可以看见浆果，但是却看不清楚它到底长在什么东西上。只有走到跟前，凑过去才能看见一些细小的像线一样的茎缠绕在青苔垫子上，茎的两侧排列着一排很小却很坚硬的叶子。

这就是一棵小灌木。

尼·帕夫洛娃

候鸟启程

每天夜里，都会有一批长着翅膀的旅客整装出发。跟春天返回时急匆匆的样子大不相同，它们南下的时候都是不慌不忙，从容不迫地慢慢飞着，休息的时间很充足。就像一个即将离家的游子，可以看得出它们恋恋不舍、不愿离开的心情。

候鸟飞走时的次序与来年春天返回时正好相反：那些外表绚丽、羽毛色彩斑斓的鸟儿通常都是最先离开；而春天一到第一批飞回来的燕雀、百灵和鸥鸟往往是坚持到最后一刻才走。有很多鸟儿是年青的先走，而燕雀却是雌鸟先走。相比而言，那些体格强壮、吃苦耐劳的鸟儿，逗留的时间则会长久一些。

大多数鸟儿会直接取道南下：飞往法国、意大利和西班牙，或者是地中海和非洲；有些鸟儿则是向东飞行，经过乌拉尔和西伯利亚，前往印度；有的鸟儿甚至直接飞往美洲。数千公里的漫漫旅途，在它们的眼皮下一掠而过。

等待帮手

乔木、灌木和野草，都在为妥善地安排后代的未来生活而忙碌着。

枫树枝上倒挂着一对对翅果。翅果已经裂开了，它们只是在等待那一阵阵吹起的秋风，把它们吹散，传播到远方。

草儿同样也在等待秋风：细长的茎干紧紧地挨着，干燥的头状花序里露出一朵朵松软的、真丝般的灰色绒毛；香蒲的茎，看起来长得似乎比沼泽地带的草还要高，它的顶端呈现出褐色，看起来就像是披上了一件褐色的外套；挂在山柳菊上的毛茸茸的小球，打算选择一个晴朗的好天气，让微风帮它脱去外套。

还有许多其他的草儿，可爱的小果子上都布满了或长或短、或普通或特别的像羽毛似的细毛。

那些生长在已经收割完庄稼的田地里和路旁以及沟边的植物，它们等待的不是秋风，而是途经身边的四条腿的动物或者两条腿的人。在这些植物当中有牛蒡，在它那个带刺的干燥的花盘里布满了带有棱角的种子；有鬼针草，它那黑色的三角形的果实经常会挂在路过的行人的袜子上；有拉拉藤，它浑身布满了钩刺，它那小小的球形果实特别喜欢牢牢地钩住行人的衣服，必须使用毛绒才能将它们擦干净。

史·帕夫洛娃

秋季的蘑菇

森林里现在真是一片荒凉！空荡荡的，湿漉漉的，到处散发着烂树叶的味道。唯一让人感到欣慰的是一种蜜环菌，叫人看了之后不觉高兴了几分。它们有的成堆地长在树墩上，有的蔓延在树干上，还有的零星散布在地上，好像一人独自在外散步一样。

看着它们让人觉得心情很愉快，采摘起来也让人觉得很痛快。即便是仅仅采摘菇帽，而且只挑最好的采，几分钟也可以采满一篮。

小蜜环菌长得确实好看：菇帽在刚开始时还显得紧绷绷的，就像小孩子头上戴的无边儿小圆帽，脖子里还围着一条银白色的小围巾。过了几天，帽边儿就会开始向上翘起，原来的小圆帽现在就成为一顶小礼帽了；围巾也随之变成了一条领结。

蜜环菌的整个菇帽上都布满了烟丝般的细小鳞片。是什么颜色的呢？没有人能够准确地说出来，总之那是一种让人感觉很舒服的浅褐色。小蜜环菌菇帽下的褶儿呈现出银白色，而老

蜜环菌则是淡淡的浅黄色。

不知道你是否留意过：当老菇帽把小菇帽包住的时候，小菇帽上好像被扑了一层粉似的。你禁不住猜测：“难道它们发霉了？”不过，你很快就会恍然大悟：“原来这就是孢子啊！”是的，这就是老菇帽上撒下来的孢子。

如果你想吃蜜环菌，就必须熟悉它们所有的特点。在生活中，经常会发生把毒蘑菇错当成蜜环菌的事情。有些毒蘑菇长得确实很像蜜环菌，它们也长在树墩上。不过，那些毒蘑菇的菇帽下没有领子，菇帽上也没有鳞片，毒蘑菇菇帽的颜色很艳丽，有黄色的，有粉红的，而菇帽下的褶儿则呈黄色或者浅绿色；毒蘑菇的孢子是乌黑色的。

尼·帕夫洛娃

来自森林的第五封电报

我们埋伏在那里，终于揭开了谜底，那些印在海湾的淤泥地上的十字形脚印和小点点原来是鹬留下的。

布满淤泥的小海湾是鹬的驿站，它们在这儿歇歇脚，休息休息，吃点儿东西。它们尽情地迈开自己的长腿，在柔软的淤泥上悠闲地踱着步子，留下一串串三趾岔开的脚印。它们把长长的嘴巴伸进淤泥，从里面拖出肥肥的小虫子当

早饭，于是在它们嘴巴啄过的地方，就留下了一个个小圆点儿。

我们抓到一只鹳。整个夏天一直让它待在我们家的房顶上。我们在它脚上套了一个很轻的铝制金属环，环上刻有一行字：莫斯科，鸟类研究协会，A 组第 195 号。然后，我们就把这只鹳放飞了，让它带着铝环飞向远方。要是有人能够在它过冬的地方抓住它，我们就可以从报纸上得知，我们放飞的这只鹳冬天究竟住在什么地方。

森林里的树叶全部变了颜色，开始一片一片地飘落下来。

本报特约记者

城市要闻

“强盗”的袭击

在列宁格勒的伊萨教堂广场，光天化日之下，在人们的眼皮底下，竟然发生了一起强盗式的袭击事件。

一群鸽子刚从广场上飞起来。这时，突然一只硕大的游隼从伊萨教堂的圆顶上俯冲下来，迅猛地扑向鸽群中最靠边儿的一只鸽子。刹那间，一堆凌乱的羽毛从空中飘然而下。

在行人的注视下，受到巨大惊吓的鸽群四散到附近的一幢大房子的屋檐下躲了起来。大游隼用爪子紧紧地抓住那只被啄死的鸽子，吃力地朝教堂圆顶飞去。

我们城市的上空，是大游隼迁徙时的必经之地。这些凶猛的“强盗”，喜欢在教堂那圆圆的屋顶上或高大的钟楼上落脚，因为在这些位置方便它们侦察猎物。

午夜惊魂

居住在郊区的人们，几乎每夜都会听见骚扰声。

一到了晚上，人们就会听见院子里闹哄哄的。他们从床上爬起来，打开窗户把头伸出窗外，想看看究竟发生了什么事情。

在楼下的院子里，家禽们都在扑腾着翅膀，鹅在不停地叫，鸭子在嘎嘎地吵，声音此起彼伏。难道是黄鼠狼来咬它们了吗？要不就是狐狸钻进院子里了？

可是，在石头砌成的围墙里，在铁门紧锁的院子里，哪会有黄鼠狼和狐狸呢？主人在院子里仔细地巡查了一遍，又彻底地检查了一遍家禽栏。什么也没有，一切都很正常。谁也不可能偷偷地闯进这有着坚固门锁和门闩的院子。也许刚才家禽们做了一场噩梦吧！你看，它们现在不是已经安静下来了吗？

主人回到房间，安心地躺下了。

可是，仅仅过了一个小时，家禽们又开始嘎嘎地吵叫起来，乱作一团，惊恐万分的样子。这到底是怎么回事啊？又出了什么乱子？

你悄悄地打开窗户，躲在一旁屏气凝神地静听！外面的夜空黑乎乎的一片，只有星星闪着微弱的金光。秋天的夜，寂静无声。

可是，过了一小会儿，似乎有一道黑色的影子从院子的上方一闪而过，接着，一道又一道，都快把天上金色的星星给遮住了。还不时地传来一阵阵轻微的、断断续续的啸叫声。辽阔的夜空里，回荡着这种不甚清晰的声音。

家鹅和家鸭似乎猛然间醒悟过来。这些早已经忘却了自由的动物，此刻却开始莫名的冲动，它们使劲扇动着翅膀，踮起脚，伸长脖子，发出一声声悲哀而凄凉的叫声。

它们那些自由自在、无拘无束地生活在野外的姐妹们，在黑暗的夜空中回应着它们。一群又一群长着翅膀的旅行者，正从石头围墙和铁门顶上飞过。野鸭扇动翅膀发出扑扑的声音，大雁和雪雁的呼叫声也此起彼伏：

“嘎、嘎、嘎，咱们一起走吧，这里冬天太冷了，又没有食物，走吧，走吧！”

候鸟们清脆的咯咯声消失在黑暗的夜空里；而那些早已经忘记如何飞行的家鸭和家鹅，在石头砌成的院子里方寸大乱。

来自森林的第六封电报

寒冷的早霜袭来。

有些灌木的叶子好像被刀削过一般，像雨点一样纷纷飘落。

蝴蝶、苍蝇、甲虫都躲进了自己安乐的小窝。

候鸟中的鸣禽急匆匆地飞过一片片树林，它们已经感觉到了饥饿。

只有鸫鸟不必担心没有食物吃。它们成群结队地飞向那一片挂满了熟透山梨的果林。

寒冷的秋风在光秃秃的树林里游荡。树木都在酣睡之中，森林里再也听不见鸟儿那欢快的歌声了。

本报特约记者

仓鼠

在挑选马铃薯的时候，我们突然听见有东西从牲畜栏的地下沙沙地向外钻。一只狗闻讯而来，在附近蹲下，开始用鼻子进行搜查。那小东西还在沙沙地往外钻动。狗开始刨起地来，一边刨，一边汪汪地叫，因为那小东西正朝着狗所在的方向钻来。狗刨了一个小坑，可以看见那小东西的头顶了。狗接着把坑越刨越大，直到把那小东西拖出来。那小东西还想咬狗呢，结果被狗甩了出去，然后冲着它大声地叫了起来。那小东西跟小猫大小差不多，灰蓝色的毛中夹杂着黄、黑、白三色。人们把这种小动物称为黄鼠（仓鼠）。

驻林地记者　巴拉绍娃·玛丽亚

忘记了采蘑菇

9 月的一天，我和几个小伙伴一起去森林里采蘑菇。一进森林，我们就吓跑了 4 只榛鸡，它们长着灰色的羽毛，脖子短短的。

接着，我看见了一条死蛇。它挂在树墩上，已经风干了。树墩上的一个小洞里，好像有什么东西在发出咝咝的声音，我想这一定是个蛇洞，就急匆匆地逃离了这个恐怖的地方。

后来，在走近沼泽的时候，我看见了一种从未见过的动物：7 只像绵羊似的鹤在沼泽地上翩翩起舞。以前我只是在学校的图画书上见过鹤的模样。

同伴们的篮子里都装满了蘑菇，可我却一直好奇地在林子里跑来跑去，林中到处都有小鸟在悠闲地飞着，唱着婉转

动听的歌儿。

我们回家的时候，一只灰色的小兔从我们面前跑过，它的脖子是白色的，后腿也是白色的。

临近那棵有蛇洞的树墩时，我选择了绕道而行。我们还看见了一群大雁，它们正从村庄的上空飞过，大声地咯咯叫着。

驻森林记者　别兹苗内依

喜　鹊

春天的时候，村里面几个顽皮的孩子在外面捣毁了一个喜鹊窝，我从他们手中买下了一只小喜鹊。仅仅一天的时间，它就被我驯服了。第二天，它已经敢落在我手上吃东西和喝水了。我给这只喜鹊取了一个名字叫“魔法师”。后来它熟悉了这个称呼，我一叫它就会回应。

小喜鹊羽翼丰满之后，总喜欢飞到门上面去，站在那儿。在门对面的厨房里，摆放着一张带抽屉的桌子，抽屉里面总有一些好吃的东西。有时候，我们刚刚拉开抽屉，小喜鹊就从门上一飞而下，钻到抽屉里面去，急急忙忙地抢着去啄那里面的东西。当我们把它从抽屉里拖出来的时候，它还叽叽喳喳地抗议着不肯出来。

我去打水的时候，只要冲着它叫一声：

“魔法师，跟我走！”

它就会立马飞到我的肩头，一路陪伴着我。

吃早餐的时候，喜鹊总是最积极的：不是抓糖，就是抓面包，有时甚至会把它的小爪子伸进滚烫的牛奶里。

最让人感到可笑的是我到菜园里给胡萝卜除草的时候。

“魔法师”先站在那儿观察了我一番，过了一会儿，它就学着我的样子把一根根绿茎拔起，放到一堆，它竟然在帮我除草呢！

只不过它好像弄不清到底该拔什么，总是把杂草和胡萝卜苗一起拔出来，这真是一个淘气的小帮手啊！

驻森林记者　维拉·米海耶娃

寻找栖身之地

天气越来越寒冷。

美丽的夏天已经走远了……

血液冻得都快要凝结住了，浑身乏力，懒得动弹，总想打瞌睡。

拖着长尾巴的蝾螈在池塘里住了一个夏天，一次也没出来过。现在它却上了岸，慢悠悠地爬进树林里。它找到一个腐烂的树墩，然后往树皮底下一钻，缩成一团。

青蛙恰恰相反，它们从陆地上跳回到池塘，然后潜入水底，钻进了厚厚的淤泥里。蛇和蜥蜴都躲到了树根底下，身子蜷缩在厚厚的暖和的青苔里。鱼儿在溪水的深处或者水底的深坑里，紧紧地依偎在一起。

蝴蝶、苍蝇、蚊虫和甲虫，全部钻进树皮和墙缝的空隙中躲起来了。蚂蚁也开始行动起来——堵住了蚁城里面所有的出入口。它们爬进了蚁城的最深处，密密地挤作一团，彼此紧紧地依靠在一起，静静地进入了梦乡。

忍饥挨饿的时候还是来到了！

属于热血动物的飞禽走兽们倒是不怎么觉得冷，只是需要有食物为它们提供能量，每当它们吃下东西，就好像在身体里生起了火炉一样暖和。然而，饥饿总是会随着寒冷一道降临。

因为苍蝇、蝴蝶、蚊虫都躲起来了，蝙蝠就没有什么东西可吃了，只好无可奈何地睡觉去了——它们藏在树洞、石穴、岩缝以及阁楼的屋顶下面，用后脚抓住一些牢固的东西，然后头朝下倒挂起来，用巨大的翅膀紧紧地裹住自己的身体，好像披了一件黑色的风衣——它们就这样睡着了。

青蛙、癞蛤蟆、蜥蜴、蛇，以及蜗牛，全部藏了起来。刺猬躲进了树根下温暖的草窝里。就连獾也很少出来活动了。

候鸟飞往越冬的地方

空中俯瞰秋景

要是能够从辽阔的天空中俯瞰我们这无边无际的祖国，那该多么美妙啊！秋天，乘坐着热气球徐徐上升到空中，升得比巍然屹立的森林还要高，升得比漂浮的白云还要高——离地面大概 30 千米吧！即便是这样的高度，依然无法看清楚我们辽阔国土的清晰轮廓。当然了，如果天气晴朗，没有云层的遮蔽，视野还是相当开阔的。

从空中俯瞰，会让人

产生一种错觉，好像我们的整片大地都在移动，实际上是有什么东西在森林、草原、山丘和海洋上面移动……

原来是鸟儿，成群结队的鸟儿。

家乡的鸟儿，正在飞离故土，飞到一个遥远而又温暖的地方去过冬。

当然，也有一部分鸟儿选择了留下——麻雀、鸽子、寒鸦、灰雀、黄雀、山雀、啄木鸟，还有许多其他小鸟儿都不飞走。除了鹌鹑以外的野雉，还有鹞鹰和大猫头鹰也选择了留下。但即便是这些猛禽，在冬日里也没有什么可干的，毕竟大多数鸟儿都离开了这里。候鸟的迁徙从夏末就拉开了序幕，春天最后飞回的那一批鸟儿总是最先离开。这样的飞离将会持续整整一个秋天，直到河水封冻为止。最后飞离的，是春天里最先返回的那一批：白嘴鸦、云雀、椋鸟、野鸭以及海鸥……

什么种类的鸟儿往什么地方飞

你们一直认为所有迁徙的鸟儿都是从北往南飞，是吧？其实才不是这样呢！

不同种类的鸟儿，会选择在不同的时间飞走，而且大多数鸟儿会选择在夜里飞行，因为这样比较安全。并不是所有的鸟儿都是从北方飞到南方去过冬的。有些鸟儿秋天的时候会从东方飞到西方去；而另外一些却恰恰相反，它们会从西方飞往东方。我们这儿还有一些鸟儿竟然会一直飞到遥远的北方去过冬！

我们的特约记者们，有的给我们发来了无线电报，有的直接通过无线广播传回消息：什么样的鸟儿飞往什么样的地方，这些长着翅膀的旅行家在路上的身体状况如何。

从西往东飞

“嘁，咦！嘁，咦！”红色的朱雀正在谈论着什么。一到8月份，它们就从波罗的海的海边、从列宁格勒地区和诺夫哥罗德地区开始了它们的旅行。它们悠闲自在地飞着：到处都是充足的食物，足够它们吃的，急什么呢？又不像是春天，需要急着赶回故乡去筑巢和养育后代！

我们能够亲眼看到它们飞过乌拉尔河，飞过乌拉尔那不高的山脉。现在，它们已经到了西伯利亚西部的巴拉巴草原。它们不停地向东飞去，朝着太阳升起的地方飞去。它们途经一片又一片的森林——巴拉巴草原上的桦树林比比皆是。

它们尽量选择在夜间飞行，利用白天的时间休息和进食。它们成群结队，群里的每一只小鸟都在留意四周的情况，生怕遭到不测。然而，不幸的事情还是会发生——一不小心，总有

一两只会被鹞鹰捉去。在西伯利亚，苍鹰、燕隼、灰背隼这类猛禽到处都是。它们飞起来特别快，速度惊人！当小鸟越过整片丛林的时候，不知道有多少要被猛禽捉走！夜里则相对安全得多——相对于那些猛禽，猫头鹰的数量则要少很多。

朱雀在西伯利亚改变了航向——它们要穿越阿尔泰山和蒙古沙漠，飞到炎热的印度去过冬。在这段充满艰辛和危险的旅途中，不知道还要有多少只可怜的小家伙丢掉性命呢！

Φ-197357号脚环的简史

我们这儿的一位俄罗斯青年科学家，在一只腰身纤细的北极燕鸥的脚上套上了一个轻巧的金属圆环。环上的编号为Φ-197357。这件事发生在北极圈外白海边的坎达拉克沙自然保护区，时间是1955年7月5日。

这一年的7月底，幼鸟刚刚开始学会飞行，北极燕鸥就开始了它们的冬季之旅。起初，它们往北飞，飞到白海海域；接着，它们转头向西，沿着科拉半岛北岸飞行；之后，又折而向南，沿着挪威、英国、葡萄牙和整个非洲的海岸线飞行。它们绕过好望角，向东朝着印度洋飞去。

1956年5月16日，在澳大利亚西岸的弗里曼特尔港口附近，一位澳大利亚科学家抓住了这只脚戴Φ-197357号金属环的北极燕鸥。从坎达拉克沙到弗里曼特尔，直线距离是24000千米。

从东往西飞

每年的夏季，在奥涅加湖上，都会出生一批乌云般黑压压的野鸭和白云般的海鸥。等到秋天来临时，这一片片乌云和白云就要向西，朝日落的方向飞去。一群针尾鸭和海鸥向着越冬的地方出发了。让我们乘飞机尾随其后吧！

你们听见一阵刺耳的呼啸声了吗？紧接着，是翅膀的拍打声，野鸭惶恐不安的嘎嘎声和海鸥的阵阵嘶叫声……

这些针尾鸭和海鸥，原本打算在丛林中的湖泊里休息一会儿，谁知却碰到了一只迁徙的游隼。仿佛牧人的长鞭带着啸声划破空气似的，游隼在鸭群的上方流星般地滑过。它那爪子上的最后一个脚趾，锋利地如同一柄小弯刀，它伸出利爪，冲向了鸭群。一只野鸭顿时惨遭重创，长长的脖子像鞭子似的垂了下来。还没等它掉入湖中，那快如闪电的游隼，蓦地一个转身，抓住了野鸭，用那硬如钢铁般的喙朝它的后脑使劲啄去，可怜的鸭子就这样毙命了。

这只游隼就像一个幽灵一样，紧跟着鸭群。它从奥涅加湖和野鸭们一同启程，和它们一起飞过列宁格勒、芬兰湾、拉脱维

亚……它吃饱的时候，就蹲在岩石上或树枝上，漠不关心地看着海鸥在湖面展翅飞翔，看着野鸭在水里嬉戏，看着它们从水面上集合出发，成群结队，继续向西，朝着慢慢沉入波罗的海灰色海水中的夕阳前进。但是，只要游隼感觉到了饥饿，它就会立刻追上野鸭群，抓一只野鸭来填饱肚子。

它就这样跟着野鸭群，沿着波罗的海海岸、北海海岸飞行，一直飞到了不列颠群岛。到了那儿，这只长着翅膀的“恶狼”才会放弃纠缠鸭群。我们的野鸭和海鸥要留在这儿过冬了。要是游隼有兴趣的话，它可以跟随别的鸭群继续向南飞，飞向法国、意大利，然后越过地中海，前往炎热的非洲。

向北，越过长夜漫漫的地区

给我们提供填充冬衣的轻暖鸭绒的多毛绒鸭，在白海的坎达拉克沙自然保护区，顺利地孵出了它们的幼鸟。那个禁猎区已经开展了多年的保护绒鸭的活动。为了弄清楚绒鸭从白海前往什么地方，有多少只绒鸭返回了禁猎区，回到自己的老家，也为了搞清楚这种神奇鸟儿的其他生活细节，大学生和科学家们把那种带着编码的轻质金属环套在了绒鸭的脚上。

现在，我们已经知道了，绒鸭从禁猎区出发，几乎是一路北上，飞往长夜漫漫的北方，飞向北冰洋——那里有格陵兰海豹，还有拖着长音大声叹息的白鲸。

白海很快就会被厚厚的冰层覆盖，绒鸭留在这儿将无食可觅。而在北方，水面一年四季都不结冰，海豹和巨大的白鲸可以很轻松地抓到鱼儿吃。

绒鸭从岩石和水草上啄食——它们专吃黏附在上面的软体小动物。这些北方的鸟儿，只要能填饱肚子就满足了。尽管寒气逼人，尽管身处无边的汪洋和无尽的黑暗之中，它们也一点儿都不害怕。它们的鸭绒冬衣密不透风，是世界上最保暖的"衣服"。何况空中不时还会出现绚丽的北极光，还有巨大的月亮和闪亮的星星。那儿的太阳有时一连几个月都不露面，可这有什么关系呢？反正野鸭们觉得挺舒服，它们享受着这种吃饱喝足、悠闲自在的日子。

候鸟迁徙之谜

有的鸟儿向南飞，有的鸟儿向北飞，有的鸟儿向西飞，有的鸟儿向东飞，这究竟是什么原因呢？

为什么许多鸟儿要等到结冰、下雪，没有东西可吃的时候才开始迁徙；而有的鸟儿，比如说雨燕，每年都在一个固定的日子启程，即便它周围的食物很充足？

而更关键的问题是：它们怎么知道，秋天应该往哪儿飞，过冬的场所在什么地方，沿着什么样的路线前往目的地呢？

这事儿的确让人琢磨不透。比方说，一只小鸟在莫斯科或者列宁格勒附近破壳而出，它却知道要飞到南非或者印度去过冬。我们这儿有一种速度特快的小游隼，它能从西伯利亚一直飞到遥远的澳大利亚。在澳大利亚住一段时间，然后又回到西伯利亚，在我们这儿度过春天。

林间大战（续完）

我们《森林报》的记者们在林间发现了这么一块儿地方，在那儿，不同树木间的大战已经结束了。

而那个地方，就是我们的记者在旅行最开始时去过的云杉王国。

以下是他们了解到的关于这场残酷战争的相关情况。

大批的云杉在和白桦、白杨的激烈战斗中死去，不过最终的胜利者依然是云杉。

云杉要比白桦和白杨年轻，并且它的寿命也要比敌人长。白桦和白杨年老体衰，已经不可能再像它们的敌人那样迅速地生长了。云杉长得高过了它们，用它那毛茸茸的大手掌紧紧地遮盖住敌人，于是喜爱阳光的阔叶树开始逐渐枯萎。

云杉却不停地长高、长大，它们下面的树荫也越来越浓，绿色帐篷里也越来越暗。在那帐篷里，贪婪的苔藓、地衣、蠹甲虫、木蠹蛾之类的东西正在等待着战败者，弥漫着浓郁

的死亡气息。

时光一年一年地流逝。

距离当初那片阴森恐怖的云杉林被砍光已经有 100 多年了，争夺那块采伐地的战斗也持续了 100 年。如今，在原来的地方又耸立起一片阴森森的云杉林。

云杉林里，既没有鸟儿欢乐的歌声，也没有其他的小动物在里面安家落户。即便是偶然长出的绿色小植物，没过多久也会相继枯死在这阴森森的树林里。

冬天到来了。每年冬天，林木们都会休战一段时间。它们要入睡了，有时甚至比洞里的狗熊睡得还要沉，就像死去了一样。它们身体里的汁液停止了流动，它们不吃不喝，也不再生长，仅仅发出低沉的呼吸声。

侧耳倾听，一片寂静。

放眼望去，这是一个尸横遍野的战场。

我们的记者们采访得知：今年冬天，按照木材采伐计划，这片阴沉的云杉林将会被砍掉。

明年，这里将会变成一片新的“荒漠”——采伐地。不同树木的战斗又将在这里重新上演。

但是这一次，我们不会再让云杉获胜了。我们将会干预这场持续不断的战争，把这里以前没有过的新树种，移植到采伐地上来。我们还会时刻关注它们的生长，有必要的话，我们将会在树顶上砍出几扇“天窗”，让明媚的阳光照射进来。

那个时候，我们就一年四季都能在这儿聆听鸟儿那欢快的歌声了。

和平树

最近，我们学校的全体同学向莫斯科拉缅斯科区的低年级同学发出号召，倡导大家在植树周中每人种植一棵象征和平的树，并坚持把它们培养长大。小朋友们在学习、在成长，他们的和平树将会和他们一起成长。

莫斯科朱可夫市第四中学的学生

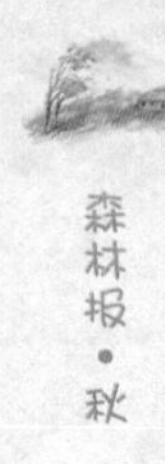

农场纪事

庄稼已经收割完毕，田野里空荡荡的一片。农场里的人们和市民都已经吃上了新粮做的馅饼和面包。

田边的宽谷和斜坡上，铺满了亚麻。经受过风吹、日晒和雨淋，现在是该把它们收起来的时候了。把它们搬到打谷场，使劲地揉搓，就能把麻皮剥下来。

孩子们开学已经一个月了，所以田地里看不见他们的身影。村民们已经快挖完了马铃薯，他们打算把这些丰收的果实运到车站去，或者直接在干燥的沙丘上挖个坑，把它们储藏起来。

菜园也变得空荡荡的。人们用车子从菜垄上拉走了最后一批卷得严严实实的包心菜。

田野里，那些秋天才种下的庄稼已经长出了绿油油的叶子。这是人们为国家准备的新收成。田野里到处都是灰山鹑，它们已经不是一家家分散开来，而是一群群聚在一起，每群都有 100 多只呢!

猎捕灰山鹑的季节将要结束了。

沟壑的征服者

在我们的田野里出现了一些沟壑，并且它们在不断地扩大。农场的田地都快被它们侵吞掉了。村民们为此很着急，我们这些少先队员也跟着大人们急了起来。有一次开队会，我们专门讨论了如何更好地治理沟壑，阻止沟壑继续扩大这个问题。

我们一致认为，必须种些树把沟壑围起来。让往地下伸展的树根牢牢地抓住土壤，这样沟壑的边缘和斜坡就会稳固下来。

队会是在春天开的，现在已经是秋天了。我们专门开辟了一块苗圃，培育起了大批的树苗——白杨、藤蔓灌木以及槐树，加在一起有 1000 多棵。现在我们已经开始移栽这些树苗了。

要不了几年，这些乔木和灌木就能稳固住沟壑和斜坡，沟壑最终必将被我们征服。

少先队大队委员会主席　科里亚·阿加丰诺夫

采集树种

9月里，很多乔木和灌木都结出了种子和果实。这一时期最要紧的事就是尽可能多地采集种子，把它们种在苗圃里，长大以后用来绿化河岸和池塘。

大多数乔木和灌木的种子，最好在它们完全成熟以前或者刚刚成熟这一很短的时间里采摘完。特别是尖叶枫、橡树和西伯利亚落叶松的种子，采摘更是一刻也不能耽搁。

9月份可以开始采摘的树种有苹果树、野梨树、西伯利亚苹果树、红接骨木、皂荚树、荚蒾、栗树（七叶树和板栗）、榛树、银柳、醋柳、丁香、黑刺李和野蔷薇。另外，克里米亚和高加索地区常见的山茱萸种子也可以采集了。

我们的想法

现在，全国各地的人们都掀起了轰轰烈烈的造林运动。

春日里，我们庆祝植树节，这一天成了名副其实的造林日。我们在农场池塘的周围栽上了树苗，以防止太阳晒干池塘；我们在高高的河岸边栽上了树苗，以巩固那陡峭的河岸；我们还把学校的运动场也绿化了。这些树苗都成活了，仅仅一个夏天就长高了许多。

现在，我们有了一个新想法。

每到冬天，大雪就会掩埋田里所有的道路。人们不得不砍下大片的云杉林，用它们做成护栏，以避免道路被雪覆盖；有些地方还得树立路标，以免人们在风雪中迷路，掉进雪坑里。

我们想，与其每年都要砍掉那么多云杉，还不如一劳永逸地解决掉这个问题——在道路两旁栽上小云杉。这样一来，小云杉长成之后既可以保护道路不被大雪掩埋，又可以当作路标呢！

我们立刻行动起来。

在林子里，我们挖了很多小云杉，然后用筐子把它们运到道路两旁，栽种下来。

我们细心地照看它们，时不时地给它们浇水，这些小树苗在新的家园里快乐地成长！

驻森林记者　瓦涅·扎尼亚京

农场新闻

挑选母鸡

昨天，在农场的养禽场里，人们开始挑选母鸡。饲养员用

一块木板把母鸡们小心地赶到一个角落，然后一只只抓了起来，交给专家进行鉴别。

看，专家手里正抓着一只长嘴、细长身材的母鸡，它小小的鸡冠颜色暗淡，眼神中流露出一副无精打采的样子，显得傻乎乎的，仿佛是在询问："干吗要打扰我呀？"

专家把它放了回去，说道："这不是我们想要的母鸡。"

他们又接过一只短嘴大眼睛的小母鸡。它的脑袋特别宽，鲜艳的鸡冠歪在一边，两只眼睛炯炯有神。母鸡一边拼命地挣扎，一边大声乱叫："讨厌，赶快放开我，你自己不挖蚯蚓吃，难道还不让别人挖吗？"

"这只不错！"专家说，"是一只能产蛋的鸡。"

原来只有活泼乐观、精力充沛的母鸡，才能下更多的蛋。

乔迁新居

春天，鲤鱼妈妈在一个小池塘里产下许多卵，这批卵孵出了 70 多万条小鱼苗。这个池塘里没有其他的鱼，就住着这么一家：70 多万个兄弟姐妹。可是过了十多天，它们就开始觉得拥挤了，于是它们搬到了夏季的大池塘里去住。鱼苗们在池塘里快乐地成长，秋天来临以前，人们开始称呼它们为鲤鱼了。

现在，小鲤鱼们再一次准备搬家了——它们要到冬季的池塘去住。过完这个冬天，它们就一周岁了。

星期天

星期天，小学生们来到朝霞农场，帮助庄员采收甜菜、冬油菜、萝卜、胡萝卜和欧芹。孩子们发现，冬油菜的块根竟然比脑袋最大的同学季克·彼得罗夫的头还要大。然而，最让他们惊奇的还是作饲料用的胡萝卜。

盖纳·拉里昂诺夫把一个胡萝卜竖在自己的脚旁，发现它竟然跟自己的膝盖一般高！胡萝卜的上半截，有一个巴掌那么宽。

“在古代，人们一定会用这种块根去打仗，”坎娜说，“用冬油菜代替手榴弹，投过去准能砸晕敌人；肉搏战的话——嘭，就用这种大胡萝卜敲敌人的脑袋！”

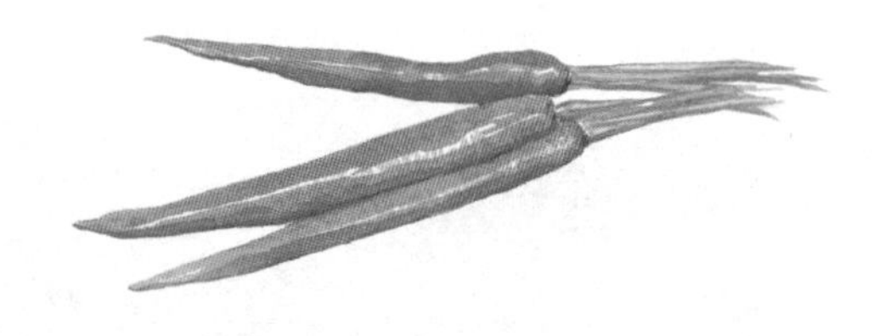

“古时候，人们根本就培育不出这么硕大的根！”季克·彼得罗夫反驳道。

把小偷关起来

“把小偷关在瓶子里。”农场的养蜂员说。

那天，天气十分寒冷，蜜蜂都待在蜂房里。一群强盗——黄蜂们正在等待时机。它们溜到养蜂场，想偷蜂房里的蜂蜜。可是，还没等到它们接近蜂房，就闻到了香甜的蜂蜜味。原来养蜂场上摆放着不少装着蜂蜜水的瓶子。这时，黄蜂们改变了主意，不去蜂房里偷窃了。也许它们觉得去吃瓶子里的蜂蜜比偷窃要文明一些，而且没有什么风险吧。

它们刚钻进瓶子里，就发觉中了圈套，掉在瓶中的蜂蜜水里一命呜呼了。

史·帕夫洛娃

基特的故事

在篝火边

我曾跟着老人们一起去森林里和湖边打猎。

趁着夕阳的余晖，我们乒乒乓乓地开了一阵枪，幸运的是打到了几只野禽。于是我们燃起了一堆篝火，大口大口地喝起野鸭汤来。我们坐在篝火旁，一边喝着茶一边欣赏着缭绕的烟雾，感觉惬意极了！

形形色色的狩猎故事自然而然地讲开了：总得用一个法子来消磨夜晚寂寞的时光吧。第二天天一亮就又得跟着老人们去打猎了。

叶甫赛依爷爷率先打开了话匣子，讲起了自己的故事：

“你们这儿都是些稀松平常的鸟兽，没有我们克里米亚那边常见的那些动物。我曾经在克里米亚当过兵，不敢说在那儿多长见识，但那儿的鸟儿却真是太神奇了！”

“开始了！”我心里暗暗想。我宁可不吃饭，也要听他们口中的狩猎趣闻。这类故事太精彩了！有人会说：“这都是一些瞎编乱造的东西。”我却不这么认为，猎人在打猎时怀着一种激动的心情，所以浮现在他眼前的景象在他看来自然和别人不一样。当然，猎人在讲故事的时候难免会添油加醋，夸大事实。但他们的故事里常常隐藏着令人惊异的、罕见的真情实事。就算是故事吧，其中也常常会有某些真实的成分，为何要充耳不闻呢？

于是我就发问了：“叶甫赛依爷爷，你在克里米亚见过很多罕见的鸟儿吗？”

“是的，见过很多稀奇古怪的鸟儿。比如说，其中有一种叫野鸭——虽然叫作鸭，但它的个头却有大雁那么大，异常凶猛。要是在草原上看见狐狸，它就会立刻抓住狐狸的后脖颈，使劲往地上摁，然后把它吃掉。找到狐狸的洞穴后，野鸭就会搬进去住，在那里面产卵，抚育后代。”

“那它究竟长什么样啊？”我很好奇。

伊凡爷爷抚摸着长胡须，冷笑道：“尽是胡说八道，谁信啊！”

“我说过，它的个头跟大雁差不多。嘴巴是红色的，像公鸭一样，头上还顶着花斑。等它吃完，地上就只剩下一根狐狸尾巴和一堆狐狸毛了——我亲眼看见的！”

伊凡爷爷说：“我们这儿可没有这种凶悍的鸟儿。但是，有一种鸟儿也很神奇！有个名叫维嘉的城里小男孩儿，向那只鸟儿开了一枪——他没注意到霰弹从枪筒里漏出来了，然而让人吃惊的是小鸟还是从云杉树枝上掉落下来了。我亲眼看见的！那只鸟儿个头很小，跟蜻蜓差不多，没想到却是那么弱不禁风。尽管枪里并没有子弹，可怜的小家伙还是被枪声给吓晕了。维嘉捉住了它，把它带回了家——他们一家人住在我们那儿的小别墅里。维嘉把小鸟儿仰躺着放在桌上，它的小腿一动不动，你看，它被吓成什么样子了！好半天它才苏醒过来，然后一骨碌翻了个身，就往窗台上飞，仿佛什么事也没发生过似的！它在小男孩儿家的鸟笼里住了整整一个月。那小鸟儿通体呈灰色，可脑门儿却红得像一团火！”

“有什么大惊小怪的！”听完伊凡爷爷的讲述，叶甫赛依爷爷嘟哝道，“不过是一只吓晕了的小鸟儿吗！它的心脏大概比一颗豌豆还小吧？要是能够把森林的主人——黑熊给吓晕，那还差不多！”

伊凡爷爷哼了一声，不接话了。叶甫赛依爷爷继续说道：

“我当兵的时候，曾发生过这么一件事。有一天，正在森林里狩猎的耶罗什金少校看见一只从山上走下来的熊。那只熊正

在忙活着把石头推开，寻找隐藏在石头下面的小动物填肚皮。少校用双筒猎枪朝熊开了一枪——他居然忘了他枪里装的是小霰弹，少校原本是要打花尾榛鸡的。”

“熊就在山下，离得非常近。即便这一枪击中了它，霰弹也伤不了它的皮，只会被缠在毛发里。”

“可是少校刚对它开了一枪，就听熊大吼一声，从陡坡上翻了个筋斗，一头钻进了旁边的树林里，丛林里传来树枝折断的咔嚓声。我们和少校相视大笑。最后决定去看一眼，熊到底留下了什么足迹……”

“坦白地说，熊的足迹没什么好看的：它被吓得屁滚尿流。这倒还没什么，我们走近一看才真的吃了一惊：熊躺在灌木丛中，直挺挺的像一段木头——它被吓死了……瞧这一枪打的！”

大家谈论着这事。接着老人们开始回忆各自神奇的枪法。

伊凡爷爷说，有一次他在林边瞄准了灌木丛中的一只白鸟，枪声响后，他便走上前去，一看树丛里竟然有七只已死的白山鹑，只等着他去捡了。瞧，一枪射中七鸟！

伊凡爷爷又谈起在一次打猎返回途中的经历。一只健壮的苍鹰在他面前起飞，伊凡爷爷瞄准它的背扣响了扳机——他总是竭尽所能地去射杀苍鹰这类家禽的天敌。

苍鹰掉了下来，在地上扑棱着翅膀。伊凡爷爷走到它跟前，看到它身子下面有一只被摘了脑袋的花母鸡。他把猎物带回村子里，一位老太太对他说：“这是我家的母鸡，刚被那强盗抓走。

你真有本事，一举两得。你把盗贼消灭了，全村人都会感谢你呢，明天我炖鸡汤给你喝。”

叶甫赛依也不甘落后，又说起了耶罗什金少校的奇遇。

“说实话，少校的枪法可真不怎么样，就像人们常说的：朝乌鸦开枪却打在了牛的身上。但是，打猎时各人有各人的运气，而少校的运气真是没的说。”

“少校在高加索曾遇到过这么一件事。有一次，他带着猎犬去狩猎。猎犬跑到一堆草丛旁突然停了下来，缩起了一条腿，这说明它发现猎物了。少校走近它，命令它走开。它刚一迈步，一只野鸡就从它脚下扑棱着翅膀飞了起来。砰！少校赶紧开枪。野鸡毫发无损地飞走了，可草丛中却有什么东西在扑腾号叫。少校走近一看，发现一只大猫躺在地上，浑身颤抖，不停挣扎。原来草丛中还有一群野猫，它们体形健壮，有家猫两个大。你看——少校这枪法，没伤着野鸡，却打了只野猫。幸亏他打中的不是猎犬。”

说起了猎犬，大家又有了兴趣。

伊凡爷爷说起了自己的那条猎犬，尽管年龄越来越大，眼神也越来越不好使，可它的嗅觉越来越灵敏，比以前更擅长撵兔子了。

“那它怎么能避免在林子里不撞到树上呢？依我看，你又在吹牛了！”叶甫赛依摇着头说道。

“它跑得不快，兔子也不慌不忙地避着它。即便这样，它还是把兔子朝我这边赶了过来。”

“竟然有这种事啊！”叶甫赛依爷爷既不表示赞同，也不表示反对，只是自言自语地说，“我听说有条猎犬跟少校的狗一样，会对着纸做伺伏的动作。”

“对着纸伺伏？到底是怎么回事？”伊凡爷爷纳闷了。

“很简单，只要主人在纸张上写下诸如‘黑琴鸡’或者‘鹬’之类的动物名字，猎犬就会按照指示去寻找猎物。而对那些空白纸张它连看也不看一眼。”

“哎嘿！咳！咳！”伊凡爷爷忽然剧烈地咳嗽起来，“该死的蚊子，吸的血还不够多吗？居然想钻进我的喉咙里去。”在林子里，蚊子让人不得安宁；在家里，苍蝇搞得人烦恼不堪。苍蝇知道自己时日不多了，所以变得这么烦人，比蚊子咬人还厉害。

“篝火已经快要熄灭了，所以蚊子开始攻击咱们了！朝霞已经升起，咱们该去干活了。”

基特·维里坎诺夫

狩 猎

上当的黑琴鸡

秋天将要来临的时候，黑琴鸡会很快地集合起来，一群一群的。里面有翅膀紧绷的黑色雄黑琴鸡，有夹杂着斑点的棕黄色雌黑琴鸡，也有年幼的小黑琴鸡。

它们一群群闹哄哄地往浆果林里面飞去。

它们在地上四散开来。有的在品尝坚硬的红越橘；有的用爪子刨开草，啄食下面的细沙和碎石——细沙和碎石能够磨碎胃里面坚硬的食物，利于消化。

突然，不知道是谁步履匆匆地行走在干枯的落叶上，发出沙沙的响声。

听见动静，黑琴鸡们停止了啄食，抬起高头，警觉起来。

响声越来越近！一只莱卡犬的脑袋在丛林间一闪而过，它的两只耳朵直直地竖立着。

黑琴鸡极不情愿地飞上了树枝，有的干脆就躲在草里。

莱卡犬在浆果林里到处乱闯了一阵儿，把黑琴鸡吓得都跑开了。

后来，它就蹲坐在一棵浆果树底下，眼睛紧盯着枝头的那只黑琴鸡，汪汪乱叫。

黑琴鸡也用眼睛瞪着它，丝毫没有惧意。不一会儿，黑琴鸡就觉得无聊了，在枝头上来回走动，不时地回头看看莱卡犬。

真烦人，干吗老在那儿待着不走！肚子也饿了……赶快走吧，它走了之后，我就又可以下去啄果子吃了……

砰！突然一声枪响，一只黑琴鸡从树上掉了下来。原来它在看莱卡犬的时候，猎人悄悄地走了过去，出其不意地一枪把它从枝头打了下来。这群黑琴鸡受到惊吓，拍打着翅膀冲向空中，向远离猎人的地方飞去了。林中的小树和成块儿的空地在下面一一闪过。应该在哪儿歇脚呢？那儿是否隐藏着猎人呢？

它们突然看见几只黑琴鸡蹲在白桦林边那光秃秃的树顶上，没错，一共三只。落在那儿应该没有什么危险。假如白桦林里有人的话，那三个家伙绝对不会一动不动地安静地待在那儿。

黑琴鸡群越飞越低，闹哄哄地停满了树梢。原来的那三只黑琴鸡，像木头一样待在那儿一动不动，连看都没看它们一眼。刚落下来的黑琴鸡好奇地端详着它们。这是三只地地道道的黑琴鸡：浑身漆黑，眉毛鲜艳，翅膀上布满白色的斑点，尾巴岔开，眼睛乌黑发亮。

一切都很正常。

砰！砰！随着两声枪响，有两只新来的黑琴鸡一头从树上栽了下去！

这是怎么回事啊？哪儿来的枪声？

树顶的上空飘起一阵薄薄的烟雾，转眼间就消散了。原来的那三只黑琴鸡，还是保持着同一个姿势，在枝头待着不动。新来的黑琴鸡们看着它们，也选择了留下——下面一个人也没有，为什么要飞走呢？它们仔细地观察了一下四周，又安下心来。

砰！砰！

一只雄黑琴鸡啪的一声从枝头掉到地上；另外一只突然全力蹿向树顶，可惜刚飞起来就跌了下来。黑琴鸡群这才惊慌失措地从树上飞起，在那只受了致命枪伤的伙伴摔到地上之前，逃得无影无踪了。只有原来那三只黑琴鸡，依然岿然不动，静静地待在那儿。

树底下一个隐蔽的棚子里，走出一个持枪的人，他捡起了那几只死黑琴鸡，然后把枪靠在旁边，爬上了白桦树。

树顶上三只黑琴鸡的黑色眼睛，仿佛若有所思地凝视着远方的森林，原来那只不过是几对黑色的玻璃珠子。这三只黑琴鸡都是用黑色的绒布做成的，只有嘴巴才是真正的黑琴鸡嘴，还有分叉的尾巴，也是用真正的羽毛做的。

猎人取下了这只假黑琴鸡，然后又爬上了另外一棵树，取下另外两只假黑琴鸡。

远处，那些惊魂未定的鸟儿正在飞过一座丛林。它们疑惑地审视着丛林里的每一棵树——究竟什么地方还会有危险？到哪儿去躲避那个诡计多端的持枪人呢？你永远也不会知道，他会对你设下什么样的圈套……

好奇的雁

每个猎人都清楚，雁的好奇心很强。他们也十分清楚，雁比其他鸟儿都要谨慎。

一大群雁停落在距离河岸足足有 1000 米远的一个浅沙滩上。那里人是走不过去的，也爬不过去，即便坐车也难以到达。雁把头深深地埋在翅膀里，缩起一只脚，安心地酣睡。

怕什么呢，它们可是有专门放哨的士兵的！在这群雁的四周，各站着一只老雁。它们既不睡觉，也不打瞌睡，而是全神贯注地注视着四周。在这种滴水不漏的防卫下，你倒试试看，如何打它们个措手不及？

岸上突然出现了一只小狗，那几只放哨的老雁，立即机警地伸长了脖子，密切监视着这只狗的一举一动。

狗在岸上来回跑动，一会儿在这边，一会儿又跑向那边，不知道在沙滩上捡些什么东西。对于这些沙滩上的雁，它连瞅都不瞅一眼。

一切看似都很正常。不过，雁很好奇：这只狗干吗在那儿不停地跑来跑去呢？最好上前去看个明白……

一只哨兵摇摇摆摆地走进水里，向前游去。轻微的溅水声惊醒了另外几只雁，它们也看见了小狗，于是跟着哨兵一起游了过去。

雁游近以后才看清楚，原来，从岸上的一块大石头后面，不断地飞出许多面包团，一会儿飞向这儿，一会儿飞向那儿，面包团都落在沙滩上。小狗摇晃着尾巴，扑上去捡个不停。

哪儿来的面包团呢？

到底是谁待在石头后面?

好奇心驱使着几只雁越游越近，游到了岸边。它们伸长了脖子，想一窥究竟。突然，几声枪响！藏在石头后的猎人跳了出来，用他那百发百中的枪法，把这些好奇的脑袋全部打到了水里。

六条腿的马

大雁们成群结队地落在田里觅食。它们吃得津津有味，哨兵们则站在四周，拒绝任何人或动物靠近。

远处的田野里，几匹马在悠闲地晃来晃去。雁可不怕它们！谁都知道，马是一种性情温和的食草动物，它们是不会侵犯飞禽的。有一匹马一边捡着田里散落的残穗吃，一边渐渐地靠近雁群。不要紧，即便是它走到跟前，雁也来得及飞走。

可这匹马也真够怪的：它居然有六条腿……其中四条是它自己的腿，另外两条却穿着长裤。

放哨的老雁警觉地叫了起来，发出了警报。雁群都抬起头来。

那匹怪马慢腾腾地走了过来。

哨兵展开翅膀，飞过去进行侦察。

它从空中看见：马后面居然躲着一个人，那人手中还握着一把让人胆战心惊的猎枪呢！

“咯咯咯，快逃啊，快逃啊！”哨兵发出逃离的警报。雁群赶忙鼓起翅膀，惶恐地飞离地面。

懊恼的猎人连忙在它们身后开了两枪。可是雁群早已经飞远了，霰弹没有击中它们。

雁群躲过一场灾难。

应　战

每到晚上这个时候，森林里都会传来驼鹿一阵阵嘹亮的战斗号角。

“凡是不要命的，都出来决一死战吧！”

一只老驼鹿从它那长满青苔的兽穴里站了起来。它的犄角非常宽阔，有13个叉，身高估计有两米，体重达400多千克。

有谁胆敢向这森林中的第一壮士发起挑战呢？

老驼鹿那笨重的蹄子，深深地陷在湿漉漉的苔藓里，横扫挡在路上的树枝落叶，气势汹汹地赶去迎战。

对手的号角声再一次响起。

老驼鹿发出巨吼作为应答。这吼声真是太可怕了——黑琴鸡被吓得扑扑地逃离了树林，胆小的兔子更是被吓得从窝里一蹿老高，惊慌失措地逃向远处。

“看谁敢如此嚣张！”

驼鹿的双眼因愤怒而充满血丝。它完全不顾道路在哪儿，径直向对手狂奔过去。森林逐渐稀疏，它冲进了一片空地……原来对手就躲在这里啊！

它从树后冲出来，使劲向前冲去——想用坚硬的犄角撞翻对手，用笨重的身体压垮对手，然后再用它的铁蹄把对手踩个稀巴烂。

“砰”的一声枪响，老驼鹿这才看见树后躲着一个拿枪的人，他的腰间还挂着一个大喇叭。

老驼鹿拔腿就往密林里逃去。它的伤口血流不止，逃跑的步伐踉踉跄跄，显得虚弱不堪。

开禁了，猎兔去

出　发

跟往年一样，10月15日，报纸上宣布，可以开始猎兔了。

好似8月初那会儿，车站里又挤满了大批的猎人。他们依然带着猎犬，有的用皮带牵着两条甚至更多。但是，这些狗已经不再是夏天时他们带去狩猎的那些长着卷曲长毛的猎犬了。

这批猎犬高大壮实，腿显得又长又直，脑袋大大的，有着一张长得像狼似的大嘴，身上的毛五颜六色：有黑的，有灰的，有褐色的，有黄色的，还有火红的；每条狗身上的斑纹也不尽相同：有黑斑，有红斑，有黄斑，有褐色的斑纹，还有火红色夹杂着暗黑色的斑纹。

这是一群特殊的或雄或雌的猎犬。它们的任务是追踪兽迹，进而把野兽从洞中撵出来，一边追赶一边汪汪大叫，以便让主人知道野兽逃向何方。这样，猎人们就可以在野兽的必经

之地做好准备，迎面射击了！

在城市要想养活这些庞大的猎犬可不是一件容易的事，因此许多人无狗可带。我们这群人就没有带狗。

我们准备到塞索伊奇那儿去，一起围猎野兔。

我们一行总共有 12 个人，占了车厢里的 3 个单间。不少旅客一边惊讶地注视着我们的一个同伴，一边低声地谈论着。

这个同伴确实引人注目：他是一个大胖子，胖得几乎连门都进不来，体重足足有 150 千克。

他不是猎人，但却是一个射击的好手。医生建议他多走走。为了使平时无聊的散步变得更有趣一些，他决定跟着我们一起去打猎。

围　猎

火车在夜晚到达。塞索伊奇在林区的小车站里迎接我们，我们去他家里住了一个晚上。第二天天一亮，我们这伙人就吵吵嚷嚷地出发了。塞索伊奇找来了 12 位农场的庄员，让他们做围猎的呐喊人。

走到森林边儿上，我们停了下来。我把写有编号的纸片团成小球，丢进帽子里，我们 12 个猎手按照顺序抽签，抽到第几号就站到第几号的位置上。

呐喊的人都到森林的外围去了。在宽阔的林间道路上，塞索伊奇按照每人抽到的号码安排其站到相应的位置上。

我抽到了 6 号，而我们的胖兄抽到 7 号。塞索伊奇指定我站的位置之后，就去叮嘱这位新猎手，告诉他围猎的规矩：不要沿着狙击线开枪，否则可能会不小心伤到他人；当外围呐喊的人声音靠近时，要停止射击；禁止伤害雌鹿，要等待信号指示。

胖兄离我约有 60 步远。猎兔跟猎熊还不一样，猎熊时，两个猎手之间的距离可达 150 步远呢。塞索伊奇在狙击线上也不忘开玩笑，他耸耸肩向胖兄笑道：

“你怎么喜欢往灌木丛里钻啊？这样子开起枪来可不方便，你跟灌木并排站着吧，对，就这儿。兔子习惯朝下看。两腿分开一点吧，你的腿看起来好像两根大木桩，没准儿兔子会一头撞在上面呢。”

塞索伊奇安排好所有的狙击手以后，就跳上了马，去安排森林外那一群呐喊的人们了。

还要等很长一段时间，围猎才能正式开始。我无聊地打量着四周。

在我前方约 40 步远的地方，矗立着一大片树林，里面有光秃秃的赤杨和白杨，也有叶子已经落了一半的白桦，还夹杂着一些看起来毛茸茸的云杉，它们就像一堵厚厚的墙一样挡在那儿。过了一会儿，藏在密林深处的兔子或者黑琴鸡可能就会穿

过这片由笔直的树干混合而成的林子朝我这儿跑来。如果运气好的话，可能还会有长着翅膀的林中巨禽——大松鸡的光顾。我能打中它们吗？

时间过得太慢了，就跟蜗牛爬行似的。不知道胖兄感觉如何？

他轮换着双腿站立，或许他是想把腿叉开得更像树桩一些吧……

突然，外面两阵响亮的号角声传到了寂静的森林里：这是塞索伊奇催促围猎呐喊队员向前——朝我们前进的信号。

胖兄抬起他那火腿般的胳膊。双筒猎枪在他的手里，看起来就跟细细的手杖似的。他稳稳地站在那儿，一动不动。

真是一个傻瓜！准备得也太早了吧——胳膊不酸才怪呢。

还是听不见呐喊人的声音。

可是，我们已经听见枪声了。沿着狙击线，右边先传来一声枪响，接着左边也响了两声。别人都开始开枪了，可我们这边还没动静呢！

胖兄也开火了，砰！砰！他在打黑琴鸡！遗憾的是他没击中，黑琴鸡远远地飞走了。

树林里终于传来了围猎呐喊人低沉的呼应声和木棒敲击树干的声音。两侧也响起了赶鸟器的声音……然而，让人颇觉遗憾的是没有任何飞禽走兽奔向这边。

终于来了一个！一只灰白相间的东西，从树干后一闪而过，原来是一只还没换完毛的白兔。

哈，这猎物我要定了！咦？好小子，竟然拐弯了！朝着胖子蹿了过去……哎呀，胖兄，你怎么这么慢吞吞的？快开枪啊！快！

砰！砰！兔子径直向他冲了过去——没打中！

砰！砰！

一团灰白色的东西从兔子身上落了下来。兔子慌不择路，竟然从胖子那树墩般的两条腿中间蹿了过去。胖兄赶紧把两条腿一夹……

难道用腿也可以捉兔子吗？

白兔溜走了，留下了胖子那扑倒在地的庞大身躯。

我笑得眼泪都快流出来了。蒙眬中看见两只白兔一溜烟似

的从树林里蹿到我的跟前，可是我不能开枪，因为兔子始终是沿着狙击线逃跑的。

胖兄艰难地用双膝着地，慢慢爬了起来。他把手中紧握的一团白绒毛递给我看。

我冲他喊道：“没事吧？”

“不要紧，我好歹把它的尾巴给夹了下来。看，兔子的尾巴尖！”

真是一个怪人。

枪声停止了。呐喊的人从森林中出来了，朝胖子走去。

“叔叔，你是神父吧？”

“他准是，你看他那个肚子！”

“胖得有点让人不敢相信啊？不会是衣服里塞满了野味吧？”

可怜的神枪手啊！在城市里，在我们的练习场上，谁能相信会发生这样的事儿呢？

就在这时，塞索伊奇开始催促我们去田野里，准备进行新一轮的围猎。

我们这一大群人，又闹哄哄地沿着林中的道路返回了。一辆大马车载着猎物，跟在我们后面慢悠悠地晃荡着。胖兄也爬上了马车——他累了，一个劲儿地喘粗气。

猎人们对胖兄丝毫不留情面，不住地对他冷嘲热讽。

突然，在道路拐弯处的丛林上空，出现了一只大黑鸟，足足有两只黑琴鸡那么大。它沿着道路，从我们头顶上方飞过。

大家都急忙端起猎枪，一连串的枪声响彻了森林。每个人都急欲打下这难得一见的猎物。

黑鸟依然飞着。已经飞到了马车的上空。

胖兄依然坐着，却端起了猎枪，端起了那条在他粗壮胳膊的对比下显得细如手杖的双筒猎枪。他开枪了。

在大家的注视中，那黑鸟身子一歪，终止了飞行，像块木头似的从半空中直直地坠到路旁。

“好身手，干净利落！”一个庄员说道。猎人们都不好意思再吭声了：我们大家不是都开枪了吗，只是……

胖兄走过去拾起那只长有胡子的老松鸡，它比兔子还要沉呢！我们每个人都愿意用自己今天的全部猎物去交换胖兄手中的野禽。

没有人敢再讥笑胖兄了。至于他如何用腿去夹兔子，大家好像也都忘了。

本报特约记者

祖国各地无线电大串联！

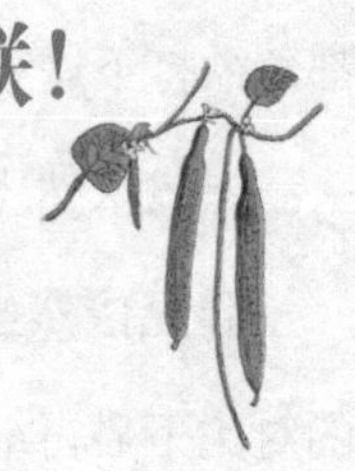

呼叫！呼叫！

这里是列宁格勒《森林报》编辑部。

今天是 9 月 22 日，秋分。我们继续通过无线电播报全国各地新闻。

苔原、原始森林、草原和海洋，请注意！

现在，请汇报你们那儿秋天的情形怎么样。

请回复！请回复！

亚马尔半岛冻土带广播电台！

我们这儿的一切都已经结束了。夏天，岩石曾是群鸟会聚的集市，现在却再也听不见岩石上鸟儿那婉转的歌声了。小巧玲珑的鸟儿都已经离开这里，雁、野鸭、鸥和乌鸦也都飞向了远方。整个荒原一片寂静。只是偶尔会传来一阵令人心悸的骨头撞击的声音，那是雄鹿在用犄角进行决斗。

从 8 月份开始，清晨的气温就比较低了。现在，所有的水面都已经封冻了。捕鱼的帆船和汽船已经早早地离开。那些晚走了几天的轮船，已经被牢牢地冻在河里。现在，笨重的破冰船正在坚固的冰原上，艰难地为它们开辟一条航道。

白昼越来越短，长夜漫漫，漆黑而寒冷，只剩下白色的苍蝇在空中飞舞着。

乌拉尔原始森林广播电台！

现在，我们正忙着迎送一批又一批的客人。我们在迎接从北方、从苔原来到我们这里的鸣禽，诸如野鸭和大雁之类的。它们只是一群过客，停留的时间很短暂：今儿个飞来一群，休息一会儿，吃点儿东西，明天你再去看，它们已经不在了——半夜里，它们就从容不迫地飞向了远方。

我们也在欢送在这片土地上度夏的鸟儿。这些候鸟，绝大多数都已经踏上了漫长的旅途，去追寻那正在远离我们而去的阳光，到一个明媚的地方去享受温暖的冬日。

寒风从白桦、山杨和花楸树上卷下了那些枯黄、发红的叶子。落叶松闪现着金黄色的光辉，原本柔滑的针叶变得干硬粗糙；每到晚上，都会有一些笨重的，长着胡子的雄松鸡落到落叶松的枝头。这些浑身乌黑发亮的松鸡，蹲在色彩柔和的金黄色针叶林间啄食松果。榛鸡在黑黝黝的云杉林间尖叫着窜来窜去。这里出现了很多红色胸脯的雄灰雀、浅灰色的松雀、红脑袋的朱顶雀和角百灵。这些鸟儿都来自遥远的北方，它们不准备再继续南飞了——它们觉得我们这儿挺好的。

田野里一片荒芜。在晴朗的天气里，细长的蛛网在丝丝微风的吹动下，在田野的上空飞舞。这儿还盛开着最后一季三色堇。生长着桃叶卫矛的灌木丛中，悬挂着许多颜色鲜红的，如同小灯笼似的球形果实。

我们快要挖完马铃薯了，菜园里正在收割最后一批蔬菜——包心菜。菜窖被我们塞得满满的，足够过冬了。我们还在森林采集了很多雪松的松子。

小兽们也不甘落后。尾巴细长，背上有五道刺眼的黑条纹的黄鼠，正在匆匆忙忙地把雪松的松子拖到树墩下，它们还从菜园里偷了不少葵花子，把仓库填得满满的。棕红色的松鼠已经开始换上淡蓝色的皮袄了，正忙着在树上晾晒着蘑菇呢。林中的长尾林鼠、短尾田鼠和水老鼠，都在搬运各种各样的谷粒，装满它们的地窖。林中那长着花斑的乌鸦也在忙着搬运坚果，藏到树洞里、树根底下，以备不时之需。

熊给自己找好了新家，正忙着用爪子撕扯云杉树皮当作自己的褥子呢！

大家都在辛勤地忙碌着，准备迎接冬天的到来。

沙漠广播电台！

我们这里完全是一派欣欣向荣的景象，到处都是生机勃勃的。

难以忍受的酷热渐渐退去，雨开始下个不停。空气清澈透明，远方的景物清晰可见。绿油油的小草又开始抛头露面；以前那些躲避夏日强光的动物，重新又蹿了出来。

甲虫、蚂蚁、蜘蛛都从地下爬了出来。细爪子的黄鼠也从

洞里探出了脑袋；跳鼠拖着一条细长的尾巴，像小袋鼠一样蹦来蹦去。从毒辣的夏日阳光中苏醒过来的巨蟒，又开始捕食这些小动物了。猫头鹰、草原狐、沙漠猫也突然之间现身了。黑尾羚羊、鼻梁凸起的高羚羊这类快腿的家伙在沙漠上飞奔着。鸟儿的身影也出现在空中。

这里又是一派春天的景象了，完全不像沙漠：满目的绿色，盎然的生机。

我们继续在沙漠里前行。

成百上千公顷的土地都即将铺上防护林带。防护林将保护农田免遭来自沙漠热风的侵袭。而此举的最终目的是要将沙漠变为绿洲。

世界屋脊广播电台！

这里是帕米尔高原，山脉巍峨高大，人们都把它叫作世界屋脊。其中有些山峰高达 7000 多米，直入云霄。

在我们这里，夏天和冬天同时出现：山下是夏天，山顶是冬天。

现在，秋天来临了，冬天的气息开始从云端往下降，从山顶往下降，于是各种生命都开始往山下转移。

有一种居住在山里的野山羊，它们夏天居住在凉爽的悬崖峭壁上。现在，它们开始下山了——峭壁顶上所有的植物都被大雪埋了起来，它们没有东西可吃了。

山上的绵羊也撤离了牧场，开始往山下转移。

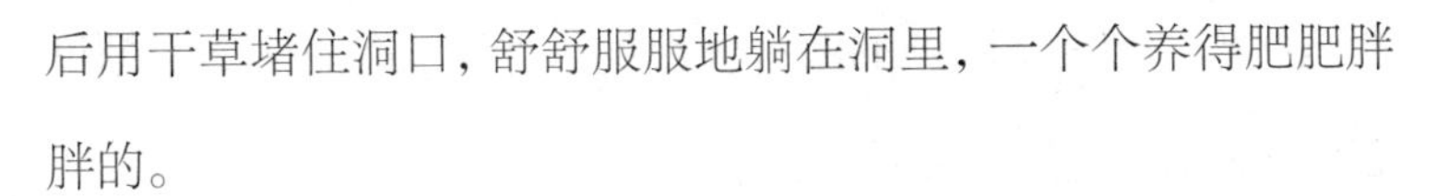

夏天的高山草场上，经常可以见到很多硕大的土拨鼠，现在，它们也消失了踪迹。都钻到地下的洞里面去了。它们在那儿储藏了足够过冬的口粮，然后用干草堵住洞口，舒舒服服地躺在洞里，一个个养得肥肥胖胖的。

公鹿和母鹿都沿着山坡走了下来。野猪躲在胡桃树、黄连木和野杏树林中，无聊地等待着冬天的降临。

在山下面的溪谷和山涧中，突然出现了一些夏天从未见过的鸟儿，它们中有角百灵，有烟灰色的高山黄鹀，有红尾鸲以及神秘的蓝鸟——高山鸫鸟。

另外，还有很多鸟儿正从遥远的北方成群结队地飞到我们这儿来，因为这儿有各种各样的食物供它们享用。

现在，山下面经常是秋雨连绵，冬天一步步临近。而山上，此刻已经大雪纷飞了。

人们还在不停地忙碌着，有人在田里采棉花，有人在果园里采摘各种水果，还有人在山坡上采胡桃。

此刻，通往山上的道路早已被皑皑白雪盖住了，无法通行。

乌克兰草原广播电台！

在被太阳炙烤着的辽阔草原上，有许多圆滚滚的小球在欢快地跳跃，它们来到人们跟前把人团团围住，有的甚至撞到人们脚上，可是你一点儿都不会觉得疼痛：它们实在是太轻了！原来它们根本就不是什么小球，而是一团团的干草枯茎，草尖和茎叶弯弯翘起，圆圆的跟小球似的。你看，这些枯草团越过石头和沙丘，飞到小山后面去了。

阵阵秋风，把一丛丛成熟的风滚草连根拔起，然后像推着车轮似的带着它们满原野乱跑，风滚草就趁着这个机会，沿路播撒自己的种子。

要不了多久，热风就将无法在草原上肆无忌惮地游荡了。我国人民培育的森林带，已经渐渐开始发挥作用了，它们保卫着一块块农田，使我们的庄稼免遭灾害的侵袭。连接伏尔加河和顿河的列宁运河，为这里灌溉了充足的水源。

现在，我们这儿正是狩猎的好时光。沼泽地里的芦苇丛中聚集了各种各样的野禽和水鸟，它们有本地的，也有过路的。

峡谷中野草茂盛的地方，栖息着一群群肥胖胖的小鹌鹑。草原上到处都是兔子，我们这没有雪兔，都是那些带着棕红色斑点的大灰兔，狐狸和狼也非常多。如果你习惯用枪，那就用枪打吧！要不然，你放猎狗去捉也行。

在城里的水果市场上，西瓜、香瓜、苹果、梨和李子堆积得跟小山似的。

请回复！请回复！

海洋广播电台！

我们穿过北冰洋的冰原带，穿过亚洲和美洲之间的海峡，就进入了太平洋，或者更确切地说，进入了一望无际的大海。在白令海峡和鄂霍次克海，我们常常碰到鲸。

以前真是没有想到，世界上居然还有如此神奇的动物！它们的体型、重量和力气，简直让人惊叹不已！

我们亲眼看见过一头鲸——看起来像是一头露脊鲸，要不就是须鲸——被人们拖到捕鲸船的甲板上。这头鲸长达 21 米，相当于 6 头大象首尾相连排成一队那么长！它的嘴巴足足容得下一只载着划桨人的木船。

光是它那颗心脏，就重达 148 千克，抵得上两个成年人的体重。这头鲸重达 55000 千克，也就是 55 吨啊！

如果能够造出一架巨大的天平的话，把这头鲸放在一个天平盘里，为了使天平达到平衡，另一个天平盘里必须得站上1000个人——即便这么多，可能还不够呢。况且这头鲸还不是最大的，有一种蓝鲸，身长33米，重达100多吨呢……

鲸的力气大得让你难以想象：如果一头鲸被带绳索的鱼叉叉住，它能将绳索另一头的渔船拖着跑一天一夜；更糟糕的是，万一它潜进海里，倒霉的渔船也会被拖进海中。

这样的事情，从前真的发生过。如今，却是另外一回事了。我们简直就不敢相信，横躺在我们面前的这个“肉山”似的庞然大物，几乎是一眨眼的工夫，就被人给杀死了。

不久前，人们还在用那种短标枪捕鲸。水手们站在船头上，使劲地把鱼叉投向鲸鱼脊背。后来，捕鲸人开始用特制的炮弹筒发射带索的标枪捕鲸。被标枪击中并不怎么要紧，威胁到鲸的生命的是电流：原来带索的标枪上有两根电线，电线的另一头连接着船上的发电机。在带索的标枪像针一样刺入这个庞然大物身体的那一瞬间，两根电线连接起来，暂时的短路产

生的强大电流瞬间就可以把鲸击昏。

这个家伙那庞大的身躯抖动了两下，2分钟以后就死了。

在白令海峡附近，我们见到了海狗；在铜岛周围，我们看见了大海獭，它正带着孩子们嬉戏。这些野兽的皮毛非常珍贵，它们一度险些被日本强盗和俄国沙皇赶尽杀绝，后来由于受到法律的严格保护，才得以幸存。现在，海獭的数量已经明显增多了。

在堪察加半岛的海岸边，我们看见了一群海驴，它们差不多都有海象那么大。

然而，一旦见过鲸之后，你就会觉得这些动物实在是太小了。

现在适逢秋天，鲸已经开始离开我们，准备到热带的温暖海域去了。它们将在那里产下小鲸。明年，鲸妈妈将会带着它们的孩子，重新回到这里，回到太平洋和北冰洋的海水里来。那些还在吃奶的小鲸个头竟然要比两头牛还大呢。

我们这儿是禁止捕杀幼鲸的。

我们和全国各地的无线电大串联就此告一段落。

下一次，也是最后一次通报，将于12月22日举行。

打靶场

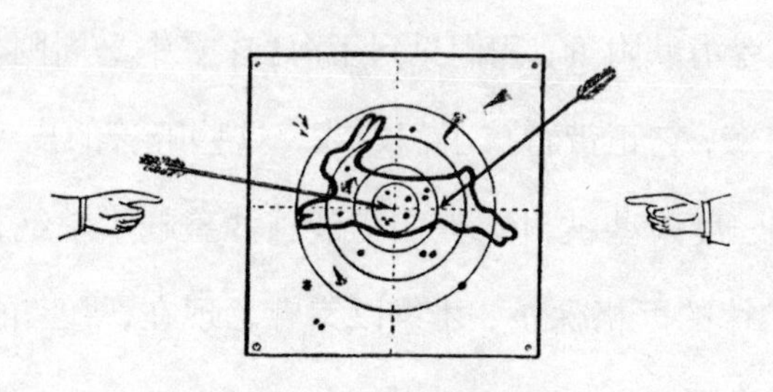

第七场竞赛

1. 从日历上看，秋天是从哪一天开始的？

2. 秋叶飘落时，哪种动物还在生育幼崽？

3. 秋天，哪些树木的叶子会变成红色？

4. 秋天来临时，我们这儿的所有候鸟是不是都会向南飞？

5. 人们为什么把公驼鹿称为杈角兽？

6. 在森林里和草场上，人们把干草垛围起来，是为了防备哪些动物？

7. 春天里咕噜咕噜叫着，仿佛在说“我要买件单褂”的是哪种鸟儿？

8. 下图是两种不同的鸟儿留在泥地上的脚印，其中一种住在树上，另一种住在地上。根据脚印如何分辨哪一种住在地上，哪一种住在树上呢？

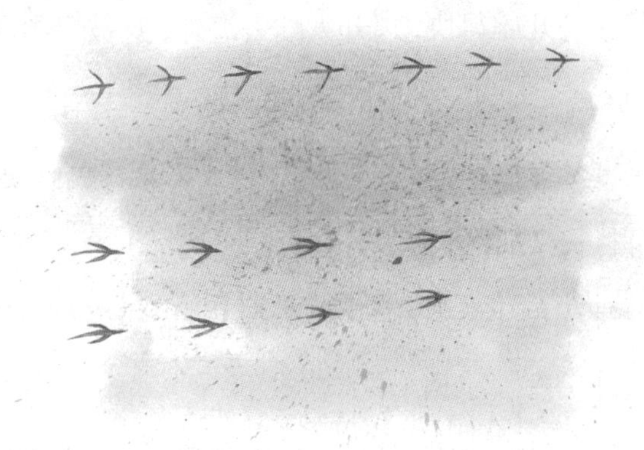

9. 什么时候射击更有把握，是鸟儿飞向射手的时候，还是鸟儿飞离射手的时候？

10. 假如乌鸦在森林上空盘旋鸣叫，这意味着什么？

11. 为什么优秀的猎人从不射杀雌的山鹑和松鸡？

12. 下图是一种野兽的前脚骨，请问这是哪一种野兽？

13. 秋天，蝴蝶都躲到哪儿去了？

14. 太阳下山后，猎人侦察野鸭时脸会朝向哪个方向？

15. 在什么情况下，人们会骂鸟儿“飞到海的对面去找死啊”？

16. 今年把它土里埋，明年无数钻出来。（谜语）

17. 马儿马儿跑得快，离开大陆去海外，身披黑貂皮，系着白肚袋。（谜语）

18. 平常是绿色，飞起来是黄色，掉下来是褐色。（谜语）

19. 身材长又细，摔在草里爬不起。（谜语）

20. 一身灰色牙齿尖，奔来跑去在荒原，稍微有点饥饿感，牛犊、家禽作美餐。（谜语）

21. 小偷小偷穿灰衣，活蹦乱跳在田里，五谷杂粮填肚皮。（谜语）

22. 一位小老头，头戴白色帽；站在森林中，立在显眼处。（谜语）

23. 带皮的时候没人要，脱皮之后人人抢。（谜语）

24. 自己放着不要，野鸭飞来不给。（谜语）

通告

快来收养流浪兔吧

现在，在田野里和森林中你可以赤手空拳地抓住小兔子。小兔子的腿很短，所以跑得很慢。需要喂它们奶吃，另外最好加点新鲜的包心菜和其他蔬菜。

收养准备

你收养的长耳朵小家伙，是不会让你感到寂寞的：兔子可是有名的鼓手。白天，它们安安静静地待在木箱里面；一到晚上，它们就会像击鼓似的用爪子挠箱子，扰乱你的好梦。要知道，兔子夜里可是不睡觉的啊！

请搭个小棚

赶快在河岸上、湖岸上或者海岸边搭建一个小棚子吧。这样，在清晨或者傍晚，你就可以到小棚子里去，安安静静地坐在那儿。在候鸟迁移的季节，你可以看见许多有趣的景象：野鸭从水里钻出来，蹲在岸边，离你非常近，你甚至可以看清它身上的每一根羽毛；滨鹬转着圈子；潜鸟潜入水中，悠闲地游

来游去；鹭鸶飞了过来，落在窝棚旁边。运气好的话，你或许可以看见一些夏天你在这里原本看不见的鸟儿。

喜欢捕鸟的人，到森林果园里去吧

现在正是捕鸟的最佳季节！把准备好的捕鸟器挂在树上，或者把场地扫干净，在那里安上捕鸟套或者是捕鸟网，肯定会大有收获的！

"火眼金睛"大比拼

第六次测试

谁来过这儿？

下图是一个农家池塘，里面不曾养过家鸭。那么，在漆黑的夜里，如何才能知道有没有野鸭来过这儿呢？

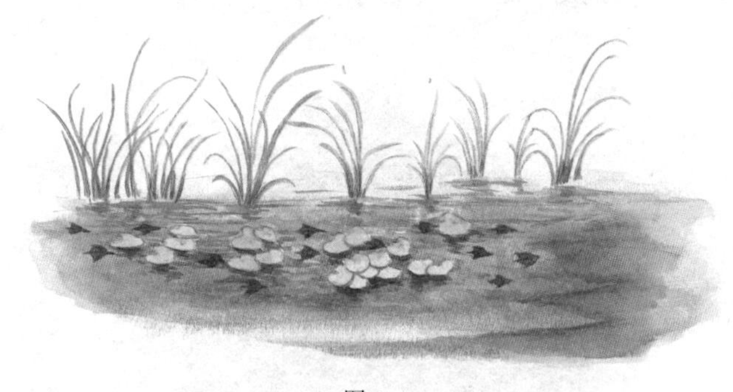

图 1

林中的水洼边，有一些小十字和小斑点的印记，是什么动物来过这儿呢？

图 2

树林中有两棵白杨，都被动物啃过，但啃的痕迹不一样。是什么动物啃的？什么动物来过这儿呢？

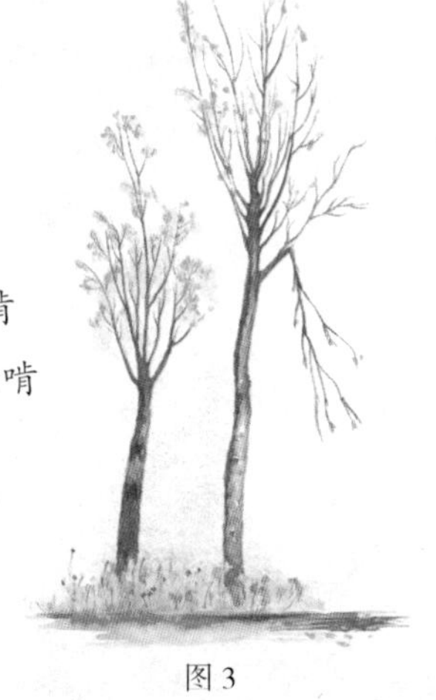

图 3

有一只动物杀死了一只刺猬，从腹部吃起，把整只刺猬都掏空了，只剩下一张皮。这是谁干的呢？

图4

森林报

No.8

粮食储备月
（秋二月）

一年：太阳在12个月内谱写的乐章

10月——落叶缤纷，满地泥泞，这是一个向冬季过渡的时节。

阵阵西风紧吹，最后一批坚守阵地的树叶也纷纷脱离了大树妈妈的怀抱，连绵的阴雨下个不停。一只浑身湿漉漉的乌鸦，寂寞而无聊地待在篱笆上。它也快要出发了。在我们这里度夏的灰色乌鸦，早已悄悄地离开，飞往温暖而阳光明媚的南方去了；同时，这儿又悄悄地飞来了一批生活在北方的灰色乌鸦。原来乌鸦也是一种候鸟啊！生活在遥远北方的乌鸦跟我们这儿的白嘴鸦一样，春天第一批飞来，秋天最后一批飞走。

秋天，已经忙完了第一件事儿——为森林脱下华美的外套；现在，开始忙第二件事了——给水降温，让它越变越凉。清晨，林中的池塘经常被松脆的薄冰覆盖。和天空中一样，水里的生命活动也越来越少。夏天，在水中争奇斗艳的花儿，早已经把种子丢进水底，把细长的花梗缩回水中。热天里在水面活蹦乱跳的鱼儿现在都游到了深坑里——那儿的水不结冰。拖着

条长尾巴、身躯绵软的蝾螈，已经在池塘里泡了一个夏天，现在也从水中钻了出来，爬上陆地，找了个长满厚厚青苔的树根过冬去了。只要是不流动的水都已经冻结了。

陆地上的那些冷血动物，现在都快冻僵了。昆虫、老鼠、蜘蛛，还有蜈蚣，都消失了踪影。蛇爬进干燥的洞里，盘成一团，一动也不动。蛤蟆钻进了烂泥堆，蜥蜴藏进脱落的树皮里，大家都开始冬眠了……野兽们，有的穿好了厚厚的暖和的皮袄，有的储存好了充足的冬粮，还有的在建造自己温暖的小窝，大家都在为过冬做准备呢……

在这个萧条的季节，户外的天气常常可以分为 7 种：播种天、落叶天、破坏天、泥泞天、怒吼天、大雨天，还有扫叶天。

林中轶闻

准备过冬

天气还不是特别冷，但是丝毫疏忽不得。这个季节寒潮说来就来，一眨眼的工夫，整个大地就会被冰封起来。到时候，到哪儿去找食物呢？到哪儿去藏身呢？

森林里所有的动物都在忙活着，按照自己的方式准备过冬。

该走的，早就已经展翅离开了，去遥远而温暖的地方躲避寒冷与饥饿；留下来的，都在忙着填充自己的仓库，储备足够的冬粮。

看，短尾巴的田鼠正在起劲儿地搬运粮食。绝大多数田鼠直接在干草垛里或者粮食垛下安家，这样比较方便它们每天夜里往洞里偷运粮食。

每一个洞里，都有五六条小道，每条小道都通往一个洞口。洞的最下面，还有一间卧室和几间仓库。

只有到了冬天最冷的时候，这些田鼠才会去睡觉。因此，

它们有足够的时间来储藏大量的冬粮。有些田鼠洞里，已经堆积了差不多有四五千克重的精选的谷粒。

这些小啮齿动物最喜欢在庄稼地里偷粮食了。我们对它们可要多加防备啊！

雪下过冬

森林中的树木和多年生的草本植物，都已经为过冬做好了准备。一年生的草本植物已经撒下了它的种子，但并不是所有一年生的草本植物都以种子的形态过冬，有的现在就已经发芽了。在深翻过的菜园里，很多一年生的杂草都已经生长了起来。在那光秃秃的黑色土地上，有一簇簇锯齿状扁叶的荠菜；有和荨麻相似的、毛茸茸的紫红色野芝麻；还有娇小可爱的洋甘菊、三色堇和遏蓝菜；当然，还有那些让人讨厌的繁缕。

这些幼苗都已经做好了充分的准备，它们要在雪下睡上整整一个冬天，顽强地活到来年的春天。

尼·帕夫洛娃

准备过冬的植物

一棵枝丫繁多、夹杂着红褐色斑点的椴树矗立在雪地里，看起来格外显眼。那可不是树叶发红，而是坚果上那长得像小舌头似的翅膀变红了。椴树的枝丫上，挂满了这种翅膀状的坚果。

打扮得如此漂亮的不仅仅是椴树。旁边这棵高大的梣树，你看，它上面结了多少干果啊！这些细长的果子就跟豆荚似的，一簇簇地攀在一起。

最漂亮的要数山梨树了！它们身上一直到现在都还保留着一串串鲜艳夺目的浆果，连小蘖枝上都挂满了。

桃叶卫矛那奇异的果实，还在枝头炫耀着它的美丽——远远看去，简直就像是带着黄色花蕊的玫瑰花。

还有一些乔木，动作太慢了，没来得及在入冬前把后代安顿妥当。

不时可以看见白桦树枝丫上挂着快要干枯的柔荑花序，花心里藏着还没有成熟的翅果。

赤杨的黑色小球果也还没有落完。不过赤杨和白桦都不用

担心，它们已经准备好了柔荑花序——一到春天，这些花序就会伸直身子，张开鳞片，绽放开来！

榛子树也有柔荑花序——粗糙的暗红色花序，每根树枝上有两对。然而，现在榛子树上已经找不到榛子了。榛子树准备得很充分：早就已经安顿好了后代，自己也做好了入冬前的最后准备。

尼·帕夫洛娃

储藏蔬菜

夏天的时候，短耳朵的水鼦通常住在河边的小别墅里。它的别墅设计精巧，从居室的过道斜着向下前行，可以一直通到水里。

现在，冬天快来临了，水鼦在离水面较远的一个多草墩的草场上，重新为自己建造了一套既舒适又暖和的越冬住房。有好几条 100 多步长甚至是更长的甬道，直通这个房间。

卧室建在一个巨大的草墩下面，里面铺着柔软暖和的干草。

有好几条专门的通道，连接着仓库和卧室。

仓库里收拾得干干净净。它从田野里偷来的谷粒、豌豆、蚕豆、葱头以及马铃薯等，都分门别类地整齐摆放着。

松鼠的阳台

松鼠们在树枝上搭建了好几个圆圆的窝。它们把其中的一个当作储藏室，里面存放着它们从林中收集来的小坚果和一些球果。

另外，松鼠还采摘了一些蘑菇，像牛肝菌和鳞皮牛肝菌。趁着好天气，它们把蘑菇挂在树枝上晒干。到了冬天，它们在枝头闲逛时，就可以把蘑菇当作可口的点心了。

活体储藏室

姬蜂为它的幼虫找到了一间非常奇妙的储藏室。姬蜂有着一双能够快速扇动的翅膀，有着一对朝上卷曲的触角，触角下生着一双敏锐的眼睛。身体中间的纤腰，把它的胸部和腹部分为两截。腹部末端的尾巴尖上，有一根像绣花针一样细长挺直的尾刺。

夏天的时候，姬蜂找到了一条又肥又胖的蝴蝶幼虫。它飞到幼虫身上，把细长的尾刺戳进幼虫的皮肤里，使劲地钻了一

个小洞儿，然后在小洞儿里产下一个卵。

姬蜂满意地拍拍翅膀，离开了。蝴蝶幼虫很快从惊吓中恢复了过来，继续啃起树叶。秋天来临的时候，蝴蝶的幼虫开始结茧，变成了蛹。

此时，在蛹的体内，姬蜂的幼虫正在破壳而出。这个坚固的茧既暖和又安全。而蝴蝶幼虫的蛹，则成为它们丰盛的美食，足够它们吃上一年呢！

第二年的夏天一到，茧就裂开了，但是从里面飞出来的不是蝴蝶，而是一只身材细长，身着黑红黄三色艳装的姬蜂。姬蜂算得上是我们的好朋友，因为它杀死了害虫的幼虫。

自备式储藏室

还有不少动物，它们并不用特意为自己建造什么储藏室。原因是它们的身体就是最好的储藏室。

在食物丰盛的秋季，它们一连几个月放开肚皮，大吃大喝，吃得肥肥胖胖的，长出了一身厚厚的脂肪，这样，自备式储藏室就建成了。

要知道，皮下生成的厚厚的脂肪层，就是它们储藏的食物。等到冬天没有什么东西可吃的时候，这些脂肪就像食物的养分一样透过肠壁，渗透到血液里，血液再把养料输送到动物的全身。

整个冬天都在睡懒觉的熊呀，獾呀，蝙蝠呀，以及其他各种各样的野兽，都具有这种自备式储藏室。它们提前把肚子吃得饱饱的，然后就倒头呼呼大睡。

脂肪还能够起到保暖御寒的作用，它能够让动物们在寒冷的冬季免受寒气的侵袭。

小偷反被偷

长耳猫头鹰是森林里相当狡猾的一种动物，并且喜欢偷东西。可是让人没想到的是，小偷居然也有被偷的时候。

从长相上看，长耳猫头鹰酷似雕鸮，只不过它个头儿比雕鸮要小一点儿。它的嘴巴像个钩子，头上的羽毛直直地竖立着，一双明亮的眼睛又大又圆。无论在多么漆黑的夜里，它的双眼都能看清物体，双耳都能听清声音。

老鼠刚刚在枯草堆里发出一阵窸窣声，猫头鹰就已经精确无误地飞落到它的身边。只听见笃的一声，老鼠就被它抓到半空中去了。兔儿刚从林中空地跑过，这个黑夜大盗就已经悄无声息地飞到它的头顶。又是笃的一声，兔儿无力地在它的利爪下挣扎了几下就不动了。

猫头鹰把它的猎物拖回到树洞里。它自己不吃，当然也不会给其它动物吃——它要把猎物储藏起来，留到冬天找不到食物的时候再慢慢享用！

白天，它就待在树洞里，守护着储藏物，夜晚才飞出去继续狩猎。它还会时不时地回去查看一番，看食物是否还在那儿。

一天，长耳猫头鹰突然发现，树洞里的储藏物好像变少了。这位主人的眼睛是很厉害的，虽然它不会数数，但是它能够用眼睛估算。

天黑了，猫头鹰肚子也饿了，它又飞出去捕食了。等它回来一看，储藏的老鼠一只也没有了，只见一只和老鼠一样大小的灰色小野兽，正在树洞底下爬动。

它想抓住那只野兽，可是那只小东西敏捷地蹿进了一条裂缝，溜掉了。它的嘴里还叼着一只小老鼠呢！

猫头鹰不甘心地追了过去，差不多就快要追上了，可是定睛一看，瞅清了小偷的身份，就不敢上前去抢夺被偷走的老鼠了。原来这小偷就是在动物界以凶狠残暴闻名的伶鼬。

伶鼬专靠打劫为生。它块头儿虽不大，却凶猛而机灵，敢于和猫头鹰一争胜负。如果猫头鹰被它一口咬住胸部，那就只有等死啦。

夏天又到了吗？

天气忽冷忽热。冷的时候，寒风刺骨；可是出了太阳，天气又变得风和日丽，温暖而宁静。这个时候，你会觉得夏天好像又突然回来了似的。

金灿灿的蒲公英和报春花，从草丛里面探出了可爱的小脑袋。蝴蝶在宁静的空气中翩翩起舞；蚊子成群结队，熙熙攘攘，像一阵轻飘飘的烟雾，在空中不断地回旋。不知从哪儿飞来了一只小巧玲珑的鹪鹩，它翘起尾巴，满怀热情地唱起了歌，歌声婉转而嘹亮！

高大的云杉上，传来了尚未南飞的柳莺那轻柔而忧郁的歌声，如怨如慕，如泣如诉，就像雨点轻击水面，荡起人们心中的阵阵哀伤。

此时此刻的景象，让你完全忘记了冬天就要来临。

受惊的青蛙

整个池塘，连同池塘里的居民，都被冰封了起来。在一个暖和的日子里，冰融化了。于是人们决定趁机清理一下池底。他们从池底清理出一堆淤泥，然后就离开了。

太阳热乎乎地晒着，泥堆散发出阵阵蒸汽。突然间，一个小泥团离开了淤泥堆，满地滚动起来。这是怎么回事呢？

一个小泥团里伸出来一条尾巴，用力地在地上扭动着。扭着，扭着，突然扑通一声，就跳回池塘里去了！第二个，第三个……小泥团们陆陆续续地跳进了水里。

然而，另外的一些小泥团里却伸出一些小腿儿，从池塘边跳开了。简直是奇怪极了！

不，这不是小泥团，而是浑身沾满淤泥的小鲫鱼和青蛙。

它们原本是钻到池底的淤泥里过冬的，场员们把它们连同淤泥一起掏了出来。太阳烤热了淤泥堆，于是这些小家伙都苏醒了。它们刚一醒，就立即活动起来：小鲫鱼回到了池塘里；青蛙想找一个清净的地方继续冬眠，免得再一次在酣睡中被人稀里糊涂地挖出来。

现在，几十只小青蛙不约而同地朝着同一个方向跳去——靠近打麦场和道路旁的那个池塘。比起这儿，那个池塘更深，也更大。青蛙们已经跳到大路上了。

可是，在这个寒冷的季节，太阳带给它们的温暖是靠不住的。

乌云瞬间遮住了太阳，天空中刮起了刺骨的北风。这些赤身裸体的小家伙实在是太冷了，全力挣扎也无济于事，它们使劲跳了几下，便一头栽倒在地上。它们的脚失去了知觉，血液也凝固了，它们直直地僵硬在原地，不能动弹了。

青蛙再也跳不动了。

所有的青蛙都冻死了。

它们的头朝着同一个方向——大路那边的池塘。那个池塘里有它们想要的暖和的淤泥。

红胸脯的小鸟

夏日的一天，我正走在树林里，突然听见茂密的草丛中好

像有什么东西在跑动。刚开始把我吓了一跳。后来我仔细一看，原来是一只鸟儿被青草给绊住了。这是一只体形很小的鸟，浑身上下全是灰色，只有胸脯一小片是红色的，显得娇小可爱。我满心欢喜地把它带回了家。

一到家里，我就掰了点面包屑喂它。它吃了点东西以后便活跃了许多。我特地给它做了一个鸟笼，又捉了一些小虫子供它享用。就这样，它在我家里住了整整一个秋天。

有一次，我出去玩，忘了关紧鸟笼，结果我家的猫钻了进去，把那只可爱的小鸟给吃掉了。

我太喜欢这只小鸟了，它的死亡让我大哭了一场。然而，一切都于事无补了！

驻森林记者　格·奥斯塔宁

捉松鼠

松鼠每年都在操心一件事，那就是必须要在夏季采集好余粮，留到冬天吃。我亲眼看见一只松鼠，从云杉上摘下一个球果，费力地往洞里拖去。我在这棵树上做了一个记号。过了一段时间，我们砍倒了这棵树，把松鼠从窝里掏了出来，发现它的窝里有好多球果。我们把松鼠带回家，把它安置在一个笼子里。一个小男孩儿把手指伸到笼子里去逗它，结果小松鼠一口就把他的指头咬穿了——你瞧，它多么厉害啊！我们喂了它很多云杉球果，它挺喜欢吃的。然而，它最爱吃的还是榛子和胡桃。

驻森林记者　H. 斯米尔诺夫

我的小鸭

妈妈在我们家的一只母吐绶鸡身下悄悄地放了三个鸭蛋。

三个星期后，吐绶鸡孵出了一群小鸡和三只小鸭。它们刚出生，现在还很虚弱，所以我一直让它们待在暖和的地方。不久后，我们决定让鸡妈妈带着孩子们到外面去转转。

我们家附近，有一条水渠。小鸭见状立马摇摇摆摆地走进渠里，欢快地游了起来。鸡妈妈跑了过来，焦急地在岸上转来转去，还不停地发出喔喔的叫声。小鸭子们只管尽情地玩着，

理也不理鸡妈妈。鸡妈妈见它们没什么事，这才放心地带着小鸡们离开了。

小鸭子们游了一会儿，发现水温太低，便爬上了岸。它们冻得浑身发抖，嘎嘎地叫着，然而却没有什么地方可以取暖。我把它们放到手中，用手帕盖了起来，带进了屋里，它们才安静了下来。

一大清早，我刚把三个小家伙从家里放出去，它们就立刻跳进水里。它们一感觉到有点冷，就马上往家里跑。由于羽毛还没长齐，它们飞不上台阶，便一个劲地不停叫唤。不知道是谁把它们捉上台阶，它们一进屋就朝着我的床跑来，站在床边，伸长脖子拼命叫。这时，我还在睡觉。妈妈干脆把它们捉到床上，它们迅速地钻进了我的被窝，睡起大觉来。

秋天来了，小鸭子们已经长大了，我也进城上学了。我的小鸭子非常想念我，一直叫个不停。听到这个消息后，我伤心地哭了。

驻森林记者　维拉·米谢耶娃

星鸦之谜

我们这儿的森林里有这么一种乌鸦，它比普通的灰色乌鸦小一点儿，浑身都是斑点。我们管它叫星鸦，在西伯利亚，人们称其为松鸦。

星鸦通常把采集来的松子储藏在树洞里或者树根下，作为过冬的食物。

一到冬天，星鸦就经常从一个地方游荡到另一个地方，从这片森林飞到那片森林，享用那些早已经储存好的干粮。

它们享用的是自己储藏的食物吗？不是的。每一只星鸦所享用的都不是它自己贮藏的松子，而是它们同族的干粮。它们飞到一片森林后，第一件事就是马上开始寻找其他星鸦储藏在这片树林中的食物。它们仔细地查看所有的树洞，在树洞里搜寻坚果。

那些藏在树洞里的坚果当然比较好找。可是，在冬天里，如何找到那些藏在树根下和灌木丛中的坚果呢？要知道，整个大地都被大雪盖得严严实实的啊！然而，星鸦飞到灌木丛边刨开积雪，总能精确地找到同类藏在其中的食物。周围有上千棵乔木和灌木，它怎么会知道是这一棵下面藏着食物呢？难道它有什么记号吗？

我们不得而知。

我们得想一个巧妙的实验来探索探索，看看星鸦究竟是用什么法子，在皑皑的白雪底下找到同类储藏的食物的。

害怕

树上的叶子落完了，整个森林变得稀疏疏的。

一只小白兔趴在灌木丛中，身子紧贴在地下，两只眼睛不停地四处张望。它心中很害怕。周围全是窸窸窣窣的声音……是鹞鹰在扑腾翅膀吗？是狐狸踩着落叶的声响吗？这只小兔子已经换上了白毛，浑身雪白。它多么希望下一场雪啊！那时周围一片雪白，那些凶猛的野兽就难以发现它了。而现在，森林里五彩斑斓，到处都是黄色、红色和棕色的落叶。

万一来个猎人怎么办？

起身就逃吗？该往哪儿逃呢？脚下的枯叶一踩上去就沙沙作响，就是自己的脚步声也能把自己吓晕啊！

小白兔依旧趴在灌木丛下，把身子藏在青苔里，紧贴着树墩，它甚至不敢大声出气，只有两只小眼睛东瞅瞅、西看看。

好可怕啊……

女巫的扫帚

现在，树木都是光秃秃的。抬头一看，你可以发现许多夏天见不到的东西。看，远处那棵白桦树，上面好像布满了鸟巢。

走近一看才知道根本不是那么回事，那是一簇簇向四面八方生长的黑细树枝，人们称它为“女巫的扫帚”。

你回想一下，那些你听过的关于女巫的童话故事吧！巫婆骑着扫帚在空中飞行，并用扫帚一路扫掉自己留下来的痕迹；女妖乘着扫帚从烟囱中飞出。无论是女巫还是女妖，她们都离不开扫帚。于是她们便在树上涂了一种怪药，让树上长出一簇簇像扫帚的怪枝。那些有趣的童话讲述者，就是这么说的。

当然了，这种解释只有童话里才有。那么科学又是怎么解释的呢？实际上，树干上这一簇簇怪异的树枝是由一种病引起的。这种病是由一种特别的扁虱引起的，或者是说由一种特别的细菌引起的。榛子树上的扁虱非常小，也很轻，一阵微风就可以带着它们满森林乱飞。扁虱落到树枝上，钻进一个嫩芽住了下来。生长芽是带着叶胚的茎，扁虱不打扰芽的生长，只是喝它的汁液。不过，由于它们啃咬造成的创口和分泌物，叶芽就得病了。等到病芽出芽的时候，它会以神奇的速度开始生长，它的生长速度往往达到普通叶芽的6倍。

病芽刚刚长成一根短短的嫩枝，嫩枝就立刻生出侧枝，侧枝又生出侧枝……就这样，原来只有一个芽的地方，生长出一团形状怪异的“扫帚”。

同样，白桦树的嫩芽里钻进一个寄生菌的孢子，也会出现类似的现象。

“女巫的扫帚”是一种常见的树木病。白桦、赤杨、山毛榉、千金榆、槭树、松树、云杉、冷杉及其他各种乔木和灌木上，都可能有“女巫的扫帚”。

绿色纪念碑

现在也是一个植树的大好时节。

在这件充满快乐而又有意义的事情中，孩子们的热情绝不落在成年人的后面。他们小心翼翼地把冬眠中的小树挖了起来，尽量不损坏树根，然后把它们移植到一个新的家园。来年的春天，小树从冬眠中一醒过来，就开始茁壮成长，给人们带来欢乐和喜悦。每一个孩子只要他栽种和照料过小树——哪怕只有一棵，他都是在为自己建造一座奇妙的、有生命的纪念碑，一座永久的绿色丰碑。

孩子们还有更妙的主意呢！他们在花园、菜园和学校边缘，栽下一排排小树作为活篱笆。活篱笆密密实实，它们不仅可以阻挡沙尘和大雪，还会吸引很多鸟儿来这里定居。夏天的时候，我们的好朋友，如鹡鸰、知更鸟和黄莺之类的鸣禽，会在这些篱笆上筑巢，孵出幼鸟，它们会热心地替我们保护好花园和菜园，不让害虫来侵犯。说不定哪天来了兴致，它们还会为我们高歌一曲呢！

有些少先队员在夏天去过克里木，他们从那儿带回一种有趣的东西：列瓦树种。春天里，可以撒下这些种子，生根发芽后就让它们充当活篱笆。不过，我们需要在它上面挂一个牌子——“请勿触摸”。这种活篱笆浑身布满了尖刺，像刺猬一样戳人，像猫爪一样抓人，像荨麻一样灼人。我们倒是想看看，将来什么鸟儿会选中这个严厉的哨兵作为自己的保护者呢！

候鸟飞往越冬地（续完）

复杂的迁徙原因

这个道理似乎很简单：既然长有翅膀，那么想飞到哪儿就可以飞到哪儿！这里的天冷了，找不到食物，那么就展开翅膀，向南飞去，飞到一个暖和一点儿的地方住一段时间。要是那里的天气也渐渐变冷了，干脆就再飞远一点儿，飞到一个阳光明

媚、食物充足的地方，在那儿过一个温暖的冬天。

然而，实际情况并非如此。不知道出于什么原因，我们这儿的朱雀一直要飞到遥远的印度去；而西伯利亚的游隼更是厉害，它们要飞越印度和几十个适合过冬的热带国家，最终抵达澳大利亚。

这样看来的话，促使我们这些候鸟飞过崇山峻岭、越过茫茫海洋，不远千万里赶到那遥远的异国去的原因，绝对不是饥饿或者寒冷这么简单，而是源于它们与生俱来的、复杂的，以至于自己都无法摆脱、无法控制的本能。可是……

大家都知道，在远古的时候，我国的大部分地区都曾遭受过冰河的袭击，沉重的、毫无生气的冰川以排山倒海之势，淹没了我们这儿的大片地区，之后过了几百年的时间又退了回去，后来又涌来。如此反复，地面上的所有生物都因此丧失了性命。

鸟类是幸运的，它们依靠翅膀保住了性命。最先飞离的鸟，占据了离冰河最近的地区，下一批鸟儿必须得飞得更远一些，再下一批飞得还要再远一些，这就像是在玩“跳山羊”的游戏一样。等到冰河退却的时候，那些被迫离家的鸟儿，又开始匆匆飞回故乡。只是这一次，它们启程的顺序倒过来了——近一些的最先回来，远一些的稍后回来，最远的最后回来。这种跳山羊游戏的时间太长了——几千年才能跳完一次！我们推测，鸟类就是在这一漫长的时间里，渐渐养成了迁徙的习惯：秋天，当气温开始下降的时候，它们离开自己的家；春天来临的时候，它们再跟着太阳一起飞回来。这种习惯就像是"渗透在血与肉中"，被永久性地保留了下来。这一推测也得到了下面这一事实的佐证：地球上，凡是没有冰河的地方，就没有候鸟迁徙的行为。

其他原因

然而，在秋天并不是所有的鸟儿都会飞往南方。有些鸟儿会飞往别的地方，甚至是一路向北，往寒冷的北边飞去。

有些鸟儿只是暂时离开。因为大地被厚厚的积雪所覆盖，水也冻成了坚冰，它们找不到食物可吃，于是就离开一段时间。只要天气开始转暖，大地解冻，这里的白嘴鸦、椋鸟和云雀等，马上就会回来！只要江河湖泊里的坚冰开始融化，鸥鸟和野鸭也会立马飞回来。

绒鸭是无论如何也不会留在坎达拉克沙自然保护区过冬的，因为在冬天，那里的白海将会被厚厚的冰层所覆盖。它们

必须飞往那些更加靠北的地区，飞到那些有墨西哥湾暖流经过的地方，只有那里的海水整个冬天都不会结冰。

假如冬天你从莫斯科往南走，要不了多久，到达乌克兰后，你就会看见白嘴鸦、椋鸟、云雀、山雀、灰雀和黄雀，这些鸟儿飞到比留鸟稍远一些的地方过冬来了。虽然它们中的山雀、灰雀和黄雀等被人们认为是留鸟，但是并不见得它们总是定居在同一个地方，它们有时也会搬迁的。只有城市里的那些麻雀、寒鸦和鸽子以及森林中的野鸡，才会一年四季居住在同一个地方；其余的鸟儿，要么飞到近一些的地方，要么飞到远一些的地方。那么，我们该如何去判断，哪种鸟儿是真正的候鸟，哪种鸟儿只是换一个居所而已呢？

就比如说朱雀吧！这种红色的金丝雀，我们很难说它是定居的留鸟。就算都是雀类也不一样，比如灰雀会飞到印度，而黄雀会飞到非洲。它们成为候鸟的原因，似乎跟大多数鸟儿不一样。它们并不是由于冰河的侵袭和退却迁徙的，而是其他的什么原因。

还有雌灰雀，它们看起来就像一只普通的麻雀，只是它们的头部和胸部特别红。更令人惊讶的是黄鸟，它浑身上下全是纯金色的，而两只翅膀却是黑乎乎的。你会禁不住感慨：这些小鸟的外衣竟然如此华丽，看起来不像是本地的鸟儿啊，它们是从遥远的热带飞过来的小客人吗？

好像是这样的。其实就是这样！黄雀是典型的非洲鸟，而灰雀则来自印度。情况可能如此：有些鸟类因为无序的繁殖而出现了数量过多的现象，这迫使那些年轻的鸟儿不得不去寻找新的栖息地以养育后代。于是，它们慢慢地开始向鸟类比较稀少的北方转移。夏天的时候，北方并不是很冷，即便是那些刚出生的光溜溜的小鸟，也不会被冻感冒。等天气转冷，没有什么东西可吃的时候，它们会飞回去，回到故乡。故乡的雏鸟这时候也出生了，大家和和睦睦地住在一起，它们是不会驱逐同类的！到了春天，它们又要飞到北方去了。它们就这样飞来飞去，飞了几千年几万年……

它们便这样养成了迁徙的习惯：黄雀向北飞，绕道地中海飞往欧洲；灰雀则从印度启程，飞越阿尔泰山到达西伯利亚，然后折向西，穿越乌拉尔山。

还有一种观点认为，迁徙习惯的形成，是由于某些鸟类逐渐适应了新的居住环境。比如说灰雀，近几十年以来，我们发现这种鸟不断地向西迁移，一直到了波罗的海沿岸。可是一到冬天，它们依然会回到印度的故乡。

这些关于迁徙习惯的假设，看起来都有一定的道理。不过，关于鸟类迁移的问题，依然还存在着诸多未解之谜。

一只小杜鹃的简史

这只小杜鹃诞生在一个红胸鸲的家庭里。红胸鸲一家就住在列宁格勒附近的泽列诺戈尔斯克市的一座花园里。

你不必好奇，它怎么会孤零零地待在老云杉树根旁这个舒舒服服的窝里？也不必好奇，这只小杜鹃给它的养父母——红胸鸲带来了多少麻烦、牵挂和不安。每天，红胸鸲得费好大一番劲儿才能把这只足足有自己三倍大的馋鬼喂饱。有一天，花园的管理员走到它们巢边，掏出那只已经开始长出羽毛的小家伙，仔细地看了看，然后又放了回去。这可把红胸鸲夫妇吓了个半死。现在，在小杜鹃的左翅上，已经可以清晰地看见一个由白色羽毛构成的斑点了。

小小的红胸鸲夫妇好不容易把小杜鹃养大，可这小家伙飞出窝后，每次一看见它的养父母，依然会张开它那张红黄色的大嘴，嘶哑地叫嚷着，跟它们讨要东西吃。

10月初，花园里的大多数树木都只剩下光秃秃的树枝了，只有一棵橡树和两棵老槭树，还没有完全脱下华丽的外衣。这时，小杜鹃突然消失了。而那些成年的杜鹃鸟，早在一个月以前，就已经离开了这片森林。

这只小杜鹃和我们这儿其他的杜鹃一样，在南非度过了一个温暖的冬天。然后，在夏天的时候重新飞回到我们这里来。

今年夏天，也就是前不久，花园的管理员看见一只杜鹃落在老云杉的树枝上。他担心杜鹃会毁坏红胸鸲的巢，就用气枪把它打死了。

这只死去的杜鹃的左翅上，有一块清晰的白斑。

无法破解之谜

我们关于候鸟迁徙问题所做的推测，也许都不错。但是下面的问题，又该如何解释呢？

候鸟迁徙的路程，通常都长达几千千米。它们是如何识别这条路线的呢？

以前，人们总是认为，在一个迁徙的鸟群里面，至少有一只老鸟，率领着全体成员，沿着它所熟悉的路线，从居住地飞往越冬地。而现在，人们已经证实：今年夏天刚在我们这儿孵出的一群幼鸟，在迁徙的过程中，没有一只老鸟带领。有些鸟，年轻的比年老的还先飞走；而另一些鸟，则是年老的比年轻的先飞走。然而，不管怎样，年轻的鸟都能在固定的日期抵达越冬地。

这可真是太奇怪了！老鸟的脑袋只有那么一丁点儿大。就

算这个脑袋瓜子能记住几千几万千米长的路程，可是那些才刚刚出生两三个月的幼鸟，根本就没出过远门儿，它怎么会认识这条迁徙的路线呢？真叫人百思不得其解呀。

比方说我们上面提到的泽列诺戈尔斯克花园里的那只小杜鹃吧！它是如何找到同类们在南非的越冬地的呢？所有的老杜鹃，几乎早在一个月前就飞走了，没有什么老鸟来给它指引道路。况且，杜鹃是一种性格孤僻的鸟儿，喜欢单独飞行，从来不成群结队。哪怕是在迁徙的时候，它们也是单独上路。小杜鹃是红胸鸲养育大的，而红胸鸲是一种要飞到高加索去过冬的鸟儿。那么，我们的小杜鹃是怎么飞去它祖辈们都会前往的过冬地——南非的呢？而且，飞去以后，它又是怎么回到红胸鸲把它孵出来、养育大的鸟巢来的呢？

年轻的鸟儿怎么会知道它们究竟该飞往哪儿去过冬呢？

亲爱的《森林报》读者们，希望你们能好好地研究一下鸟类的这一秘密。当然了，这个谜团很可能要留给你们的后代去揭晓呢！

要想搞清楚这个问题，首先必须放下诸如“本能”这类晦涩的词语。也许，我们得去设计成千上万个巧妙的实验，才能彻底地搞明白：鸟类大脑和人类大脑的区别到底在哪儿？

风的等级

等级	名称	秒速和时速	威力
7	大风	13.9~17.1 米 / 秒 50~61 千米 / 小时	迎风前行费力，能吹起轻微的海浪，将水花吹得四处飞溅。
8	疾风	17.2~20.7 米 / 秒 62~74 千米 / 小时	能吹断树的枝丫，掀起中等浪潮，迎风前行很费力，不宜出海。
9	烈风	20.8~24.4 米 / 秒 75~88 千米 / 小时	能刮走屋顶瓦片，或使某些建筑物倒塌。
10	狂风	24.5~28.4 米 / 秒 89~102 千米 / 小时	树被连根拔起，屋顶被掀，破坏力很大。

11	暴风	28.5~32.6 米 / 秒 103~117 千米 / 秒	破坏力巨大。
12	飓风	36.7~36.9 米 / 秒 （速度与鹰隼相当）	破坏力极大。

我们很幸运，因为暴风和飓风在我们国家很少出现。

农场纪事

农场里已经听不见拖拉机的轰鸣声了，分拣亚麻的工作也即将结束，最后一批载着亚麻的货车，正在陆陆续续地向车站驶去。

现在庄员们正在考虑来年的收成问题。专业的种子站已经为全国的农场培育出了黑麦和小麦的优良新品种，庄员们正在讨论关于麦种的事情。田里的农活基本结束了，家里的工作渐渐多了起来。庄员们的精力现在已经转移到家畜身上了。

农场的牛羊，都被赶进了畜栏，马也被赶进马厩里去了。

田野里一片空旷。一群群灰色的山鹑，飞到农场人家附近寻找食物，有些甚至就在谷仓旁边过夜。

打山鹑的季节已经过去了，有枪的庄员们开始准备打野兔了。

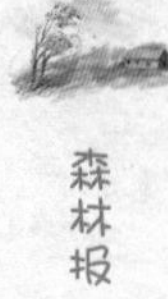

农场新闻

昨 天

胜利农场的养鸡场里灯火通明。现在白昼越来越短，庄员们决定借用灯光进行照明，以延长鸡群的活动时间和进食时间。

鸡群显得十分高兴。灯一亮，它们立即扑进炉灰里去“洗澡”。一只活泼好斗的公鸡，斜歪着它的脑袋，用左眼紧盯着灯泡，仿佛在说：“咯！咯！你要是挂得再低一些的话，我一定要啄你一口！”

营养又美味

干草末是所有饲料的最佳调味料，它通常是用质量上乘的干草粉碎而成的。

如果你想让吃奶的猪崽快点儿长大，那就喂它干草末吧！

如果你想让母鸡天天下蛋，然后“咯哒！咯哒”地不停夸耀它们的成果，那么也请喂它们干草末吧！

来自果园的消息

果农们正在忙着修剪苹果树。他们要把这些果树收拾干净，然后为它们穿上新衣。现在，除了灰绿色的胸饰——苔藓以外，果树们什么也没穿。果农们需要从果树上摘下这种饰物，因为苔藓里面藏有很多害虫。果农们在树干和靠近地面的树枝上涂了一层石灰水，这既有助于防止果树再生害虫，也有助于避免被太阳灼伤，在冬天还可以起到防寒保暖的作用。现在，果树们穿上了洁白的外套，看上去非常漂亮。难怪队长开玩笑说：

“我们特地在节日前夕把这些果树打扮起来。因为我们还要带着它们去参加节日游行呢！”

适合老人采的蘑菇

在“黎明”农场，居住着一位百岁的老奶奶阿库丽娜。我们《森林报》的记者去采访她的时候，碰巧她出门了。但是不一会儿，老奶奶就背着满满一口袋蘑菇回来了。她告诉我们：

“那些一个个单独生长的蘑菇，很不好找，它们都藏了起来。我的双眼已经昏花了！可是，我袋子里的这种蘑菇却很好

采，只要看见一个，你就能在它附近找到一大片。我实在是太喜欢这种蘑菇了！人们把它叫作蜜环菌。它们还专爱往树墩上爬，看起来非常显眼，这种蘑菇最适合我们老太太采了！”

冬前播种

在“劳动者”农场，菜农们正在田垄上播种莴苣、葱、胡萝卜和香芹菜。这些种子都被撒在冰凉的土壤里。用队长孙女的话来说，种子们对这待遇是非常不满意的。那小女孩儿告诉人们，她听见种子们在地下大声嚷嚷：

“你们最好不要种，这么冷的天，我们是不会发芽的！你们

爱发芽，自己发去吧！”

其实，菜农们之所以这么冷还要播下这批种子，正是因为知道它们在秋天已经不可能发芽了。

不过，只要春天一到，它们马上就会钻出土壤，很快就会长大成熟。能早一点儿收获，那可是一件好事啊！

尼·帕夫洛娃

农场植树周

俄罗斯联邦的各个地区都进入了植树周。苗圃里已经准备好了大批的树苗。在俄罗斯联邦的各大农场里面，人们正在开辟面积达几千公顷的新果园和浆果林。农场的庄员和职工们，将在农场的附属地块儿栽上多达百万棵的苹果树、梨树以及其他种类的果树。

塔斯社列宁格勒讯

城市要闻

在动物园里

动物园里的鸟兽们从夏天的露天居所，搬进了温暖的越冬住房。它们笼子的周边生上了火，整个房子里都暖暖和和的。现在，没有一只动物愿意再去过那种漫长的冬眠生活了。

园里的鸟儿也不出去了，短短一天时间，它们就感觉到了寒冷与温暖的差别。

没有螺旋桨的飞机

这段时间，总有一些奇怪的小飞机在我们城市的上空盘旋。

行人们经常会在街心停住脚步，抬起头，好奇地注视着这些小飞机，看它们慢慢地绕着圈子。人们叽叽喳喳地议论着：

“看见了吗？”

“看见了，看见了！”

“真是奇怪啊，怎么听不见螺旋桨的声音？”

“可能是它们飞得太高了吧？你看，它们显得那么小！”

“但是飞低的时候也没听见它们的声音啊？”

“到底怎么回事啊？”

“它们压根就没有螺旋桨！”

“怎么会没有螺旋桨呢？难道这是一种新型的飞机吗，那它们是什么型号的啊？”

“雕！”

“你在开什么玩笑？列宁格勒哪儿来的雕！”

“的确有。它们叫金雕，现在正往南迁徙呢！”

“原来是这样啊！哦，现在我也看清楚了，的确是鸟儿在盘旋。如果你不说，我还真以为是飞机呢。它们简直太像了！这家伙，哪怕扇动一下翅膀也好啊……”

去看看野鸭

最近几周，在涅瓦河上的施密特中尉桥附近，在彼得罗巴甫洛夫斯克要塞旁边以及其他的一些地方，飞来了很多形态各异、五彩斑斓的野鸭。

其中，有跟乌鸦一般黑的黑海番鸭，有钩嘴、翅膀带白斑的斑脸海番鸭，有尾巴像柳枝般细长的五彩长尾鸭，还有黑白两色相间的鹊鸭。

它们看起来一点儿也不畏惧喧嚣的城市。

哪怕是黑色的蒸汽拖轮在水中劈波斩浪，迎面驶来，它们也没有丝毫的害怕。只见它们往水里一扎，眨眼间就出现在离原处几十米的地方。

这些潜水健将，是海上航线上的旅客。它们每年来我们列宁格勒做客两次：春天一次，秋天一次。

当拉多亚湖中的浮冰漂到涅瓦河里的时候，它们就离开了。

鳗鱼的最后旅程

秋天的气息，慢慢从大地深入水底。

水变得越来越冷了。

老鳗鱼即将踏上最后的旅程。

它们从涅瓦河出发，经过芬兰湾、波罗的海和北海，一直游到大西洋的深海中去。

它们再也没能回到那条曾生活了一辈子的河流。它们将在几千米的深海中，悄悄地结束自己的生命。

但是，在临死之前，它们在海中产下了卵。深海中并没有人们想象的那么冷：那里的水温有 7℃。一段时间以后，鱼卵开始变成玻璃般透明的小鳗鱼。几十亿条小鳗鱼成群结队地开始了属于它们的生命之旅。三年以后，它们将到达涅瓦河口。

它们在涅瓦河里快乐地成长，变成大鳗鱼。

狩猎

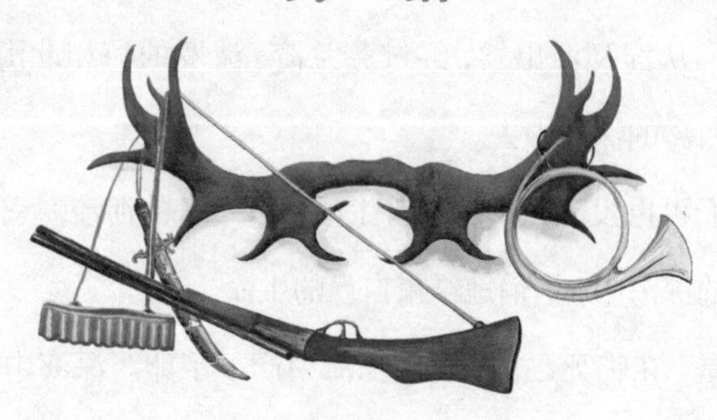

野外追逐

这是一个空气清新的秋日的早晨。一位猎人扛着一条猎枪来到了郊外。他用一条短小而结实的皮带牵着两只紧靠在一起的猎犬，这两条猎犬，胸脯宽大，看起来非常壮实，黑色的皮毛里夹杂着棕黄色的圆点。

他走到小树林边，解下了套在猎犬身上的皮带。把它们“丢”到小树林里，任由它们而去，两条猎犬瞬间就钻进灌木丛里去了。

猎人悄无声息地沿着林边的一条小路前行，这是一条野兽经常出没的小路。

他站在灌木丛对面的一个树桩后，那里有一条隐蔽的林间小道，从树林中一直延伸到下面的小山谷。

他还没来得及站稳，猎犬们就已经搜寻到了野兽的踪迹。

老猎犬多沃依最先叫了起来，它的声音低沉而沙哑。

接着，年轻的扎利华依也跟在它的后面不停地汪汪大叫。

猎人一听就明白了，它们吵醒了野兔，然后把野兔从窝里撵了出来。现在它们正沿着泥泞的小路往前追赶。雨后的小路到处都是烂泥和着腐烂的枯叶，地面黑乎乎的一片。猎犬们不时用鼻子嗅着野兔留在泥地上的足迹。

猎犬的叫声一会儿近，一会儿远，那是因为兔子在不停地兜着圈子。

哎呀，都没注意到！刚才溜走的不就是兔子吗！它那棕红色的油亮的皮毛在山谷里一闪一闪的！

猎人错失了一次机会……

看，那两只狗依然紧追不舍，跟着兔子，在山谷里狂奔。多沃依跑在前头，扎利华依吐着舌头跟在后面。

失去一次机会不要紧，我们的猎犬还会把野兔赶回树林里来的。多沃依做事一向非常执着，它一旦发现了猎物，绝不会轻易放弃的。那可是一个非常老练的家伙！

又跑过来了。兔子兜了一大圈儿，重新跑回到树林里来。

猎人心里想：“兔子啊兔子，你终究还是要回到这条路上来

的。这一次我可不能再让你给溜了！”

安静了小会儿……突然……咦！这是怎么回事？

两只猎犬为什么在不同的方向叫唤？

这会儿，老猎犬干脆不叫了。

只有扎利华依自个儿还在汪汪大叫。

随后，一切又安静了下来……

猎人正在纳闷，那边又传来了多沃依的叫声。不过这一次的声音跟刚才可不一样，明显要激烈很多。扎利华依不住地喘着气，尖着嗓子跟着叫了起来。

它们大概是发现了另外一只野兽的踪迹！

会是什么野兽呢？反正不会是野兔了。

很有可能是红色的吧……

猎人赶紧给猎枪换了子弹——装进了最大号的霰弹！

一只兔子从身边跑过，一溜烟地逃到田野里去了。

猎人看见了，但是他没开枪。

两条猎犬越追越近。其中一条声音嘶哑地叫着，另一条恼怒地叫着……突然间，一条有着火红色脊背和雪白胸脯的家伙，蹿过灌木丛，在兔子刚才经过的那条小道上，向猎人直冲了过来。

猎人端起了枪。

那野兽发现了猎人，吃了一惊，急忙甩动着它那毛茸茸的尾巴想逃跑。

一切都晚了！

砰！狐狸被火药那巨大的威力抛到了空中，然后四脚朝天地摔在地上。

猎狗从丛林中跑了出来，扑向狐狸。它们用锋利的牙齿咬住狐狸那火红的皮毛，凶狠地撕扯着，眼看就要撕破了！

“给我放下！”主人大声呵斥着，连忙跑了过去，从猎狗的嘴里抢下那只珍贵的猎物。

地下搏斗

在离我们农场不远的森林里，有一个远近闻名的大獾洞。这个洞的年代久远。人们虽然称它为“洞”，实际上，它根本就不算洞，而是一座被世世代代的獾纵横掘通了的山丘。这是个獾类错综复杂的地下交通网。

塞索伊奇带着我们去参观了那个“洞”。我趁机仔细地查看了整个山岗，认真地数了一遍，一共有63个洞口。当然，在山丘下面的灌木丛里，还隐藏有许多不易觉察的洞口。

很明显可以看出，在这个宽敞的地下城堡里，不仅仅住着獾：在好几个洞口，都有成堆的甲虫在爬动，有葬甲虫，有粪金龟子，还有食尸虫。这里面堆满了它们喜爱的食物——山鸡骨头、松鸡骨头以及兔子那长长的脊椎骨，它们正吃得津津有味。

獾是绝对不会吃野鸡和兔子的，而且獾是一种非常爱干净的小动物，它们从来不会把残羹冷炙和垃圾之类的脏东西丢弃在家门口。

兔子和野禽的骨头只能说明：这座城堡里面住着一个狐狸家庭。它们跟獾是邻居，占据着城堡的一部分。

这里有些通道被掘坏了，塌陷成了壕沟。

塞索伊奇说："我们这里的猎人曾花了不少力气，想把这些狐狸和獾挖出来，结果都失败了。不知道那些狡猾的狐狸和獾都藏到地底下什么地方去了。无论你怎么挖，都不见它们的踪影。"

他沉默了片刻，接着说：

"这回我们不妨来试试，看能不能用烟把它们从洞里熏出来！"

第二天一大早，塞索伊奇、我，还有一位小伙子，我们三人向山丘走去。一路上，塞索伊奇不断地开那个小伙子的玩笑，一会儿称他为烧炉工，一会儿叫他伙夫。

我们三人忙碌了大半天，除了山丘下面的一个洞口和山丘上面的两个洞口没堵，地下城堡的其余洞口全被我们给堵上了。我们随后搬来了一大捆杜松和云杉的枯枝，堆在了下边那个洞口旁。

我和塞索伊奇俩人躲在小灌木后面，各自紧盯住一个上面的洞口。"烧炉工"在下面的洞口旁点起火来。等火烧着了，他又在上面添加了许多云杉枯枝。很快，火堆上浓烟滚滚。不大一会儿，浓烟就好像钻进烟囱里似的，源源不断地往洞里冲去。

我们两个射手，埋伏在灌木丛后，焦急地等待着浓烟从洞口冒出。机灵的狐狸也许会早一点儿逃出来吧？或者是一只又笨又肥的獾子从洞中滚出来？也许它们在地下城堡里已经被熏得晕头转向了呢？

让人想不到的是，洞里的家伙们还真有股耐劲儿！

浓烟已经从塞索伊奇身边的灌木丛里涌了出来，迅速地向我们周围散去。

用不了太久，就可以看见野兽们打着喷嚏和响鼻，接连不断地从洞中狼狈地逃出来了。枪已经端起来了——绝不能让动作敏捷的狐狸溜掉！

烟越来越浓。现在已经是成团地滚滚往外涌，弥散在我们

身边，熏得我眼睛都睁不开了，眼泪也开始不住地流。可千万不要在我们眨眼睛、抹眼泪的时候，让猎物趁机逃走了呀！

它们还是没有出来。

端着猎枪的手酸得实在是不行了，我放下了枪。

我们还在耐心地等待。小伙子还在一个劲儿地往火堆里添干柴。獾洞里依然没有动静。

“你以为它们被烟给熏死在洞里了吗？”在回家的路上，塞索伊奇耷拉着脑袋说道，“没有，老弟，它们一点事儿都没有。烟在洞里是往上升的，它们就钻到洞底去了，鬼才知道它们那个洞到底有多深呢！”

此次行动的失败，让这个蓄着络腮胡子的小老头儿很不高兴。为了宽慰他，我给他讲了一段关于达克斯狗和硬毛的猎狐犬的故事。这两种狗都异常凶猛，能够钻到洞里去捉野兽。塞索伊奇听完后，突然兴奋起来。他请求我一定要帮帮他，无论如何也要为他搞一条这样的猎犬。

我只好答应他尽量去想办法。

之后不久，我去了趟列宁格勒。没想到我的运气这么好：一位熟识的猎人朋友，居然答应把他那只心爱的达克斯狗借给我。

我回到农场后，立即带着小狗去见塞索伊奇。谁知他盯着那小家伙竟然冲我发起了脾气，气愤地嚷嚷：

“怎么？难道你想取笑我不成？别说是老狐狸，就是刚出生的小狐狸也能一口吃掉这个家伙。”

塞索伊奇对自己的矮小身材很不满意，所以对于包括狗在内的其他小个子的东西他同样瞧不起。

达克斯狗的外表确实很不起眼儿：身子瘦瘦的，又矮又小，四条歪歪扭扭的小腿儿，就好像脱臼了似的。可当塞索伊奇不经意间把手伸向它的时候，这只不起眼的小狗竟然张开大嘴，露出锋利的牙齿，凶猛地咆哮起来，随时准备向他扑过去。塞索伊奇迅速地躲到一旁，连声赞道：“好家伙，够厉害的！”

我们带着小狗出发了。刚走到山丘前，小狗就暴跳如雷地要往獾洞冲去，差点把我拉着它的手腕挣脱臼了。我连忙解下了它脖子上的皮带，它一个转身就钻进了黑咕隆咚的獾洞。

人类为了满足自己的需要，培育出各种奇形怪状的犬种，达克斯狗应该是其中最特别的了。它的身子像貂一样细长，没有哪种狗比它更适于钻洞的了；弯弯的脚爪既能够挖泥土，也能够抵住泥土；窄长的嘴巴一旦咬住猎物，就再也不会松开。我们在獾洞外等着，心中不免有一些忐忑：在黑暗的兽洞里，这个小家伙和野兽们浴血搏斗，最终的结局会怎么样呢？万一猎狗战死，我又该如何向它的主人交代呢？

地下的搏斗正在进行中。虽然隔着厚厚的一层泥土，我们还是能听见沉闷的狗吠声。那声音好像不是从我们脚底下发出，而是来自一个很遥远的地方。

听，叫声越来越近，越来越清晰。叫声因狂怒而略显嘶哑。

更近了……突然间，又变远了。

我和塞索伊奇站在山丘上，手里紧攥着那条派不上用场的猎枪。听着那叫声一会儿从这一个洞口传出来，一会儿从另一个洞口传来，一会儿又从第三个洞口传来。

叫声突然停止了。我知道那一定是猎犬在黑暗的洞里追上了猎物，正在和它进行一番殊死搏斗！

这时，我才突然意识到，我们应该带上铁锹的——通常人们碰到这样的情况，都会带上铁锹，等猎狗在下面和野兽搏斗的时候，赶紧用铁锹挖开它们上面的泥土，以便猎犬在搏斗失利的情况下能够迅速逃出。当然，这个方法适于在搏斗场所距离地面一米左右时进行。对于这个连浓烟都无法把猎物熏出的深洞，我们实在是束手无策。

我该怎么办啊？达克斯狗搞不好会死在獾洞里的。谁也不知道，它在那里是不是遭到野兽们的围攻了。

突然，又传来几声闷声闷气的狗叫。

我还没来得及松口气，叫声又停了。这次真的完蛋了！我和塞索伊奇在这只勇敢的小狗坟墓前默默地站了很久。

我不忍心离去。塞索伊奇开口了：

“老弟，你瞧咱俩干的这糊涂事儿！看来猎犬是遭遇了老狐狸或者獾子了。”

他看着我，迟疑了一下，接着说道：“要不咱们走吧，怎么样？或者再等一会儿？”

突然，脚底下传来一阵窸窣声。

兽洞里露出一条细长的黑色尾巴，接着出现了两条弯曲的后腿和瘦瘦的后身，身上沾满了泥土和血迹。达克斯狗费力地往外移动着。这真是太让我高兴了，它居然没死，我飞奔过去抓住它的身躯，使劲地往外拖。

随着小狗被拖出来的，还有一只肥胖的老獾子。猎犬死命地咬着它的脖子不放，好像担心这个大家伙重新活过来。

本报特约记者

打靶场

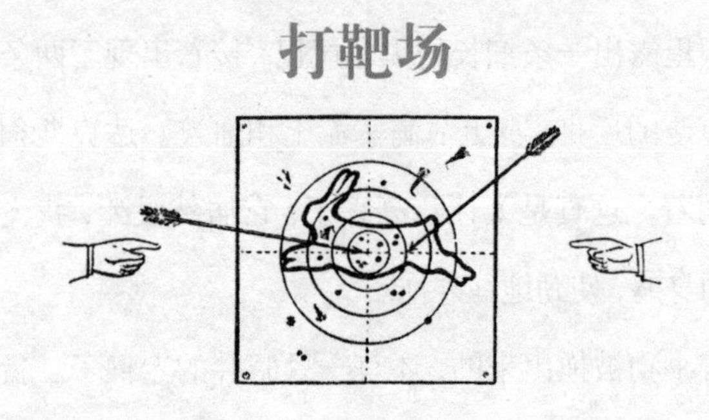

第八场竞赛

1. 兔子奔跑的时候，是往山下跑容易，还是往山上跑容易？

2. 落叶向我们揭示了鸟儿的什么秘密？

3. 哪种动物喜欢在树上风干自己的蘑菇？

4. 哪种动物夏季住在水中，冬季住在土里？

5. 鸟类会为自己贮备过冬的食物吗？

6. 蚂蚁是如何度过寒冬的？

7. 鸟类的骨头里面有什么？

8. 秋天，猎人们外出打猎最好穿什么颜色的衣服？

9. 鸟类在什么时候受到伤害后对它伤害最小——夏季还是秋季？

10. 右图中这个可怕的脑袋是哪种动物的？

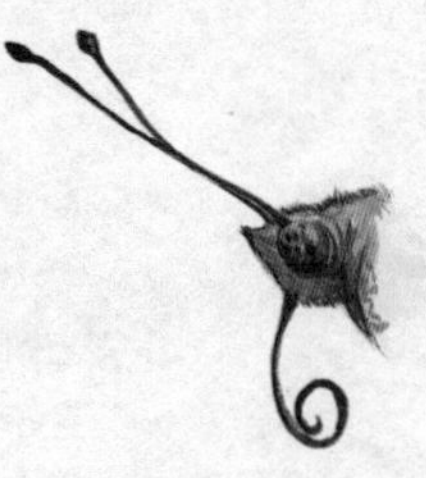

11. 蜘蛛是昆虫吗?

12. 冬天，青蛙都躲到哪儿去了?

13. 下图是三种不同鸟儿的脚：一种生活在树上，一种生活在地上，第三种生活在水里。请问这三种脚分别属于哪一种鸟儿?

14. 什么动物的脚掌心向外翻呢?

15. 下图是长耳猫头鹰的脑袋。请指出它的耳朵。

16. 掉啊掉，落到水上了，自己不沉，水也不浑。(谜语)

17. 走呀走，永远走不完；捞呀捞，总也捞不尽。(谜语)

18. 一年生的草，个儿比院墙高。(谜语)

19. 不管跑多久，还是跑不到；不管飞多久，总也飞不到。（谜语）

20. 乌鸦长到三岁后会怎样？

21. 跳进水塘洗个澡，身上还是很干燥。（谜语）

22. 身子带走，抛掉骨头，脑袋入口。（谜语）

23. 不是国王，头戴王冠；不是骑士，皮靴马刺；自个起得早，谁也别想睡。（谜语）

24. 有尾不是兽，有羽不是鸟。（谜语）

通 告

“火眼金睛”大比拼

第七次测试

这是谁干的?

图1

（1）什么动物摘过这里的云杉球果，并且还把它们丢到了地上？

（2）什么动物坐在树墩上把果球啃得只剩下心儿了？

（3）什么动物在榛子上凿了个小孔，掏吃了里面的果仁？

（4）什么动物把蘑菇搬上了树，挂在了树枝上？

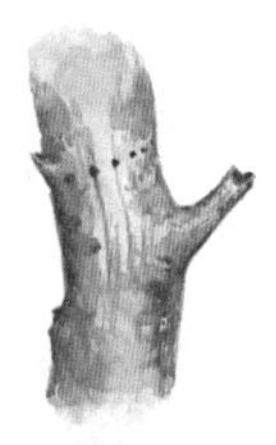

图2

在这棵老白桦树的树皮上，能看见许多呈圈状分布的形状相同的方形小孔。这是哪种动物干的，它们为什么要这么做？

是哪种动物加工了牛蒡的刺状果实？

图3

在黑暗的森林里，什么动物用爪子毁坏了树木——把云杉树的树皮剥掉了？它们要用树皮来做什么呢？

是谁在这儿干的坏事——毁坏了这么多树木，使枝梢变得光秃秃的，还咬断了那么多树枝？

图4

图5

人人能做的事

只要学会寻找和挖掘田鼠洞，我们就可以把啮齿动物从田野里偷走的上等粮食夺回来。

本期《森林报》已经报道过，这些有害的小动物，从我们田地里偷走了大批优质的粮食，搬回它们的储藏室留着过冬吃。

请勿打扰

我们已经为自己准备好了越冬的住房，并打算一觉睡到来年春天。

我们不会去打搅你们，所以请你们让我们睡一个安稳觉吧！

——熊、獾、蝙蝠

森林报

No.9

冬客临门月

（秋三月）

一年：太阳在12个月内谱写的乐章

11月——一半是秋天，一半是冬天。11月是9月的孙子，10月的儿子，12月的亲兄弟。11月，大地上布满钉子，12月大地铺上了桥。11月骑着带有斑纹的马出门：地面上，一道烂泥，一道白雪；一道白雪，一道烂泥。11月的铁匠铺规模虽然不大，但里面铸造的枷锁却已经锁住了整个俄罗斯：池塘和湖泊已经完全冰封了。

现在，秋天开始忙起了它的第三件事：脱尽森林的衣裳，给河水戴上枷锁，然后用白雪把整个大地盖起来。

森林里的景象让你感觉很难受：黑黝黝、光秃秃的树木，从头到脚，被冷雨淋得湿透。河上的冰块闪烁着耀眼的光芒。但如果你想到上面去走走，它就会咔嚓一声裂开，让你掉进冰冷的水中。大雪严严实实地盖住了土地，秋播的庄稼停止了生长。

可是，现在还不是冬天呢，这只是冬天的序幕。阴沉几天之后，太阳又会重新露出它的笑脸。太阳一出来，所有的生物又都欢腾起来。瞧，这边，黑色的蚊子从树根下飞出来，在空中欢快地跳着舞；那边，金色的蒲公英、款冬花趁机绽放——这可是只有在春天才开放的花儿啊！雪也渐渐地开始融化……但是树木都已经沉睡了，对此毫不知觉，它们要到明年的春天才能醒过来呢。

现在，伐木的季节到来了。

林中轶闻

奇妙的现象

刚才，我刨开雪堆，察看了一下那些一年生的草本植物。它们是一种春天发芽、秋天枯萎的草。

可是，在今年秋天，我发现它们并没有完全死掉。即便在这寒冷的 11 月里，依然有不少草类透着绿色。萹蓄居然还顽强地活着！这是在农村房前屋后常见的一种小草，它的叶茎纵横交错地铺在地上，叶子细长，小小的粉红色花朵不大引人注目。

矮小却能够灼人的荨麻也还活着。夏天里，这是一种让人非常讨厌的植物：当你在田垄里除草的时候，一不小心，手上就会给它灼出个水泡来。然而，在寒冷的 11 月看见它们，是一件让人感觉颇为愉快的事。

蓝堇也活着。你还记得它吗？这种漂亮的小植物，有着微微分开的小叶子和粉色的花朵，花瓣尖儿呈暗色，它们常常出现在菜园里。

这些一年生的草，现在都还活着。不过，我知道，只要春天一到，它们就全部枯萎了。它们何苦要在雪下艰难地生存呢？这种现象该如何解释呢？我还真不太清楚，得好好去咨询一下。

尼·帕夫洛娃

森林并非一片沉寂

刺骨的寒风在林间怒号着。光秃秃的白桦树、山杨树和赤杨树在秋风中摇摇晃晃，瑟瑟发抖。最后一批候鸟正在匆忙地飞离故乡。

度夏的鸟儿还未完全飞走，冬天就已经降临了。

鸟儿们都有自己的习惯：它们有的飞到高加索、外高加索、意大利、埃及和印度去过冬；有的则选择继续留在我们列宁格勒。其实，它们也没觉得我们这儿的冬天有多冷，它们在这儿住得很暖和，吃得也饱饱的。

飞　花

沼泽地上，赤杨的黑色树枝孤零零地兀立在那儿。树枝上的叶子都落完了，地面上的青草也全部枯萎了。懒洋洋的太阳好半天才从灰色的乌云后面露出脸来。

突然，在金色阳光的照耀下，一团团五彩缤纷的花儿在沼泽地上空、在赤杨枝旁快乐地飞舞起来。这些花儿非常大，有白色的，有红色的，有绿色的，有金黄色的。它们有的落在赤杨枝上，有的停在桦树枝上，还有的直接落在地上。它们在扇动着翅膀，身上那华丽的斑点闪烁着耀眼的光芒。

它们用一种芦笛似的鸣叫声彼此打着招呼，转眼间，就从地面飞向树枝，然后从一棵树飞向另一棵树，从一片小树林飞进另一片小树林。它们究竟是什么？它们来自何方？

北方飞来的鸟

冬天，很多鸣禽会从遥远的北方飞到我们这儿来做客。这些客人中，有红胸脯和红脑袋的朱顶雀，有翅膀上长着五道像手指似的红羽毛的烟灰色太平鸟，有深红色的松雀，有绿色和红色的交嘴鸟；还有金绿色的黄雀，金色的小金翅雀，胸部丰满鲜红、体型圆滚的灰雀。而我们本地的黄雀、金翅雀和灰雀，已经飞往温暖的南方去了。上面提到的这些，都是居住在北方的鸟儿。北边现在实在是太冷了，所以它们来到了我们这儿，它们觉得这儿还是挺暖和的。

黄雀和朱顶雀以赤杨子和白桦子为食。太平鸟和灰雀吃山梨和其他的浆果。交嘴鸟则到处寻找松子和云杉子。它们现在都吃得饱饱的。

东方飞来的鸟

低矮的柳树林中，突然开出了一朵朵雍容华贵的白玫瑰。洁白的花朵在树丛中飞舞，还不时伸出它那黑色的细脚爪东挠挠、西抓抓。花瓣一样美丽的翅膀，在空中闪动着。林间回荡着它们那婉转的歌声。

这是山雀，一种白色的山雀。

它们可不是北方的客人，而是来自遥远的东方。它们越过冰天雪地的西伯利亚，越过山峦迭起的乌拉尔地区，最终到达我们这儿。它们的故乡早已经进入了冬天，厚厚的积雪把低矮的河柳都埋了起来。

该冬眠了

厚厚的乌云遮住了太阳的光辉，空中开始飘起湿漉漉的雪花。

一只胖乎乎的獾子，气喘吁吁、一瘸一拐地向洞穴走去。它很不痛快：森林里泥泞不堪，空气都能拧出水来。此刻，要是能够钻到干燥、清洁的沙土洞里，美美地睡上一觉，那该多好啊！

羽毛蓬松的丛林小乌鸦——北噪鸦，居然在林中打起架来。咖啡色的湿漉漉的羽毛亮闪闪的。它们不停地聒噪着。

一只老乌鸦在树顶呱地大叫了一声，原来它瞅见不远处有一具野兽的尸体。它鼓起一对乌黑发亮的翅膀飞了过去。

林中一片寂静。灰白的雪花纷纷扬扬地洒落在黑乎乎的林间和黄褐色的土地上。地面上的落叶开始渐渐腐烂。

雪越下越大。现在，已经是鹅毛大雪了，它把黑色的树枝连同大地一起掩盖起来……

我们列宁格勒的伏尔霍夫河、斯维尔河以及涅瓦河，由于遭受严

寒的侵袭，相继都封冻了。最后，连芬兰湾都结起了厚厚的冰。

最后的飞行

11月的最后几天，天气突然变得暖和了起来。可是，由于雪堆积得很厚，丝毫未显现出融化的迹象。

清晨，我们在外面散步，发现不管是灌木丛里还是林间的小路上，到处飞舞着一群群黑色的小蚊子。它们看起来是那么虚弱不堪，只见它们从丛林中升起，好像被风推着似的，在空中划过一道弧线，一头栽在雪地里。

午后，在阳光的照耀下，雪开始变得松软了，渐渐从树上往下掉。一抬头，雪水就会滴进你的眼睛，或是冰冷的雪尘会飘落到你的脸上。这时候，不知道从哪儿飞出了一群黑乎乎的小蝇子。夏天的时候，我们可从来没有见过这些小蚊虫和小蝇子。小蝇子似乎心情很不错，它们紧挨着雪地，轻盈地飞舞着。

傍晚的时候，气温开始下降了，小蚊子和小蝇子又都躲藏了起来。

驻森林记者　维丽卡

貂捕松鼠

最近，有许多外地的松鼠迁移到我们这儿的森林里来了。

它们北方的老家今年收成不好，松果不够它们过冬了。

松鼠们四散坐在松枝上，用后爪紧抓树枝，两只前爪抱住一个松果使劲地啃。

一只松果突然从松鼠脚爪间滑落了，松鼠舍不得丢弃它，就吱吱地叫着，从一根树枝跃上另一根树枝，然后跳到地上。

它在雪地上蹦着，蹿着，后腿一蹬，前脚一托，不住地向前跳去。

突然间，一团黑不溜秋的皮毛和一双机敏的小眼睛从枯叶堆里露了出来……松鼠吓得连忙扔下松果，慌慌张张地往眼前的树上窜。一只貂迅速从枯叶里跳了出来，紧跟在松鼠后面，飞快地爬上了树干。松鼠已经到树梢上了。

貂顺着树枝往前爬。只见松鼠一跃，跳上了另一棵树。

貂缩起它那蛇一般细窄的身子，脊背一拱，跟着也跳了过去。

松鼠沿着树干向前跑，貂跟在其后紧追。松鼠的身子很灵活，可貂的动作更灵敏。

松鼠跑到树顶了，再也没法跑下去，因为周围已经没有树了。

貂眼看就要追上它了……

松鼠突然跃上了另一根树枝，然后往下一跳。貂依然穷追不舍。

松鼠在枝梢上跳跃，貂就在粗一些的枝干上追赶。松鼠跳啊跳，跳到了最后一根树枝上。

下面是地面，上面是敌人。

没有考虑的时间了。松鼠一下跳到地上，赶紧向另一棵树奔去。

可惜，在地面上松鼠可不是貂的对手。貂三两步就追上了松鼠，把它扑倒在地。松鼠就这样命丧黄泉了……

兔子的阴谋

夜晚，一只灰褐色的兔子悄悄地钻进了果园。小苹果树的皮既甜水分又多，天亮的时候，它已经啃坏两棵小苹果树了。树上的积雪掉落在它的头上它也不理会，只顾一个劲儿地啃食着。

农场的公鸡已经叫了三遍，狗也开始汪汪地喊叫起来。

兔子这才缓过神儿来，意识到自己应该趁着人们还没有起床，赶快回到森林里去。周围白茫茫的一片。它那灰褐色的皮毛在雪地里格外引人注目。它真羡慕那些白兔啊！在这个白茫茫的世界里，白兔多么安全啊！

夜晚刚刚飘落的雪还很柔软，根本不能承受兔子的重量。它在雪地上跑着，身后留下了一串清晰的脚印。长长的后腿留下的是条状的脚印，短短的前腿留下的是一个个小圆点儿。在这层柔软的新雪上，每一个脚印和爪痕都可以看得清清楚楚。

灰兔穿过田野，越过树林。那串脚印始终紧跟在它的身后。灰兔已经美美地吃了一个夜晚，现在如果能够找个灌木丛，在里面打个盹儿，那该有多爽啊！然而，让它气愤的是：无论它跑到哪儿，脚印都会始终跟着它！

灰兔开始耍诡计了：它要把自己的脚印弄得乱七八糟。

这个时候，村民们已经起床了。果园的主人走到果林一看——天哪，两棵好端端的小苹果树被剥了皮！他再低头往雪地上一看，立即明白了：树下有兔子的脚印。他攥着拳头骂道："你等着瞧吧，害人的家伙，我要用你的皮来补偿我的树苗。"

他回到屋里，带着装好弹药的猎枪出发了。

看！兔子就是在这儿跳过栅栏，然后跑向了田野。一进森林，兔子的脚印就开始围着灌木转圈儿了。好家伙，这一招儿可救不了你！我明白着呢！

喏，这是第一个圈套：灰兔绕着灌木跑了一圈儿。

然后它开始横穿自己的脚印。这是第二个圈套。

园主跟随着脚印，把这两个圈套都给解开了。他已经端起了猎枪。

他突然站住了，这是怎么回事？脚印中断了，周围全是平整的雪面。即使是兔子跳过去了，也应该能看得出来啊！

园主弯下腰，仔细地查看了一番。哈哈！原来这又是一个诡计：兔子沿着自己的脚印返回了！它每一步都精确无误地踏在了原来的脚印上。乍一看，还真瞧不出那是双重脚印呢。

园主顺着脚印往回走。走着，走着，又回到了田野里。看来，还是中圈套了！

他转过身，顺着“双重脚印”返回去。嘿嘿，原来如此，原来的“双重脚印”很快就中断了，再往前走，脚印就是单层的了。这就意味着兔子就是从这附近跳过去的。

果真如此：兔子顺着脚印的方向穿过灌木，然后跳向一旁。现在，脚印均匀起来。突然又中断了。又是越过灌木丛的新的双重足迹，接着跳着跑了。

现在可得格外留神……又往旁边跳了一次。在这儿，它准是躺在哪棵灌木丛下。想骗过园主可不是一件容易的事！

兔子的确就躺在附近。只是它并未躺在猎人认为的灌木丛下，而藏在一堆枯枝里面。

睡梦中的灰兔听见沙沙的脚步声。越来越近，越来越近……

它抬头一看，穿着毡靴的两只脚已经到了它面前，猎枪差点碰上它的脑袋。

它悄悄地从枯枝中钻了出来，如离弦之箭般蹿到枯叶堆后。短小的尾巴在灌木丛中一闪，转眼就没影儿了！

园主空着两手怏怏而归。

不速之客

我们这儿的森林，闯进了一位不速之客，人们称它为“黑夜强盗”。你很难看清它——夜里漆黑一片，白天你又不能把它和白雪区别开。它是北极的居民，它的皮毛跟北方经年不化的积雪一个颜色。我们叫它北极雪鸮。

雪鸮的个头儿跟猫头鹰差不多，只是力气要小一点儿。它吃各种各样的鸟儿以及老鼠、松鼠和兔子。

它的故乡冻原带，天气冷得要命，动物们要么藏到洞里去了，要么飞到南方去了。

饥饿逼迫着雪鸮一路南下，然后在我们这儿暂居。它将在明年春天的时候返回故乡。

啄木鸟的作业场

我们家菜园的后面，有许多老白杨树和老白桦树，还有一棵古老的云杉。云杉上挂着几颗球果。一只五彩斑斓的啄木鸟飞过来啄食球果。啄木鸟停在树枝上，用长长的嘴巴啄下一颗球果后，就沿着树干往上跳。找到一条缝隙后，它便把球果塞了进去，开始用嘴啄食。它把里面的籽儿都啄了出来，然后把球果丢到树下，接着去采第二颗。它把第二颗球果同样塞进那条缝中；采来第三颗，依然还是塞进树缝中，它就这样一直忙到天黑。

驻森林记者　Л·库博列尔

向熊请教

冬季，为了躲避寒风的侵袭，熊一般会在低凹的地方安置自己的住宅。它们甚至会把熊窝安置在茂密的云杉林里或者潮湿的沼泽地上。然而，让人不解的是，如果这一年冬天不冷，常常有融雪天的话，那所有的熊都会在小山丘之类的高地上冬眠。历代猎人都证实过这件事。

道理很简单：熊讨厌融雪天。的确是这样，如果一股冰雪融水流到了它的肚皮底下，突然之间，气温骤降，雪水结成了冰，那就会把熊那毛茸茸的皮外套冻成钢板，那可不妙啊！到那时，它们就没法睡觉了，只有满树林乱晃，以活动血脉来换回一点儿温暖。

如果以不停地晃悠来代替睡觉，那就会把它们身上储存的热量耗尽，它们不得不吃东西以增加体力。但是，冬天里，熊在森林中是找不到食物的。因此，当它预见这一年的冬天暖和时，它就会把家安在高处，免得在融雪天气里，皮毛被雪水浸湿，这

个道理很容易明白。

可是，熊怎么知道这一年的冬天究竟是暖和还是寒冷呢？为什么早在秋天，它就能准确无误地为自己选择一个合适的地方筑窝呢？这让人很费解。

要不你钻进熊窝里去，向熊请教请教吧！

严格的采伐计划

俄罗斯有句谚语，是这么说的：森林是恶魔，在森林里干活，就是在死亡的边缘徘徊。

古时候，伐木工人的工作是非常可怕的。他们以锋利的斧头作为武器，视身边的绿色朋友如敌人，经年累月地在森林里搏斗。要知道，直到18世纪，也就是不久以前，我们才有了锯。

一个人必须要有充沛的体力，才能整日挥动斧头；要有强壮的体魄，才能在严寒和风雪中穿着一件衬衣干活，夜里只盖一件外套，睡在一间没有烟囱的小屋里，甚至是简陋的小草棚里。

春天的伐木工作更是辛苦。

整个冬天砍倒的树木，全部得运到河边去，等河水解冻以后，便把那些沉重的圆木推进水里，借助河水的力量把木材运走。当然，大家都知道，河水是流往哪个方向的。

河水把木材带到哪里，感谢之声也就跟到哪里……得益于此，河流的两岸建起了一座座城市。

现代社会又怎么样呢？

现在，“伐木工人”这几个字的含义早已经改变了。我们不再需要用斧头去砍倒大树和削去树枝，机器会替代我们去干这些活儿。连通往森林的道路，都是由机器来开辟的，人们会顺着这些公路把木材运走。

森林里的履带拖拉机，力气大得惊人。

人们指挥着这个沉重的钢铁怪物，闯入那些无法通行的密林，像割草一样，放倒那些百年老树。它毫不费力地把那些大树连根拔起，堆在两边，然后推开躺倒的树，铲平地面。一条宽敞的道路就这样修好了。

汽车载着移动发电设备，沿着道路开了过去。工人们手中紧握着电锯，走到大树前。他们身后蜿蜒着一条像蛇一样包着绝缘皮的电线。电锯那锋利的牙齿，像刀子切黄油一样，毫不费劲儿地锯入了坚硬的木头。也就是半分钟的时间，电锯就把那棵直径有半米的大树给锯倒了。那可是一棵有着百年树龄的老树啊！

方圆 100 米以内的树木都被锯倒以后，汽车又载着移动发电设备向前驶去。在它原来的地方，开进来一辆巨大的运输牵引机。运输牵引机一下子抓起几十棵尚未削去枝丫的大树，直接拖到了木材运输通道旁。

巨大的运输牵引机，沿着运输通道，把木材转往窄轨铁路。在窄轨铁路上，司机驾驶着一列长长的敞车，载着成千上万立方米的木材，驶向火车站或者河流码头的木材场。在那儿，人们对木材进行加工、整理，生产出圆木、木板和纸浆木料。

现在，借用机器采伐和加工的优质木材，会被运送到遥远草原上的村庄、城市和工厂等那些需要木材的地方去。

人们都知道，在这样先进的技术条件下，必须按照严格的全国性采伐计划来采伐木材。要不然，我国最富有的森林区也会转眼间变成沙漠。使用现代技术来消灭森林，简直不费吹灰之力。但是，森林的成长还是跟过去一样慢——它们要经过几十年上百年，才能成材呢！

在那些被砍去树木的地方，我们会立刻栽上珍稀的树苗，营造新林。

农场纪事

今年，由于庄员们的共同努力，农场的收成特别好。在我们州的多数农场里，每公顷的产量突破 1500 千克已经成为常事。即便是每公顷产量达 2000 千克，也不算稀奇。一些工作队的成绩特别突出，优秀的表现使他们获得了“劳动英雄”的光荣称号。

政府很重视劳动者们在田间的忘我劳动，所以国家决定用“劳动英雄”的光荣称号，用各种勋章和奖章来表彰庄员们所取得的优异成绩。

冬天来临了。

农场里的工作基本结束了。

妇女们在牛栏里忙活着，男人们在给牲口运送饲料，喂养有猎犬的人们开始打猎了。还有一部分人到森林里采伐木材去了。

灰山鹑成群结队地飞进农家小院。

孩子们上学去了。白天，他们抽空儿布置好捕鸟网，在小山丘上滑雪，玩雪橇。夜晚，他们用心地看书，预习功课。

我们比它们更聪明

一场大雪过后，我们发现，老鼠在雪底下挖了一条直通到我们苗圃小树前的地道。可是，我们比它们更聪明：我们把每一棵小树周围的雪都踩得结结实实的。这样，它们就钻不到小树跟前来了。有些老鼠一不小心钻到雪地外面，很快就被冻死了。

害人的兔子也常常光顾我们的果园。我们也想出了对付它们的办法：把所有的小树苗都用稻草和云杉树枝包扎起来。

季马·博罗多夫

农场新闻

吊在细丝上的家

有一种迷你型小房子，它们吊在细丝上，风一吹，就来回地晃动。这座小房子的墙，只有一张纸那么厚，里面也没有什么御寒设施。待在这里面，能安全过冬吗？

出乎你的意料吧——在这座简陋的小房子里，完全可以安稳地度过冬天。留心的话，我们能够在果园里发现很多这样的小房子。它们是用枯叶做成的，被细丝吊在苹果树枝上。庄员们看见后会把它们摘下来，烧掉。因为这些小房子里住着一种害虫——苹果粉蝶的幼虫。如果不及时除掉它们，春天一到，它们就会爬出来啃坏苹果树的嫩芽和花儿。

森林里有坏蛋，那就一定会有坏蛋的克星。

昨天晚上，“光明之路”农场就发生了这么一件事。午夜时分，一只大灰兔溜进了果园，它准备啃食小苹果树那甜甜的树皮，结果发现树皮突然变得跟云杉枝一样扎嘴。它一连试了好几棵，结果都是这样。它只好垂头丧气地离开了果园，消失在附近的树林里。

原来，庄员们早已预料到夜晚会有林中的小贼来侵犯他们的果园，于是，他们砍来很多云杉树枝，把苹果树的树干紧紧地包扎起来了。

棕色的狐狸

位于郊区的红旗农场，建造了一个养兽场。昨天，运来了一大批棕色的狐狸。村民们纷纷走出家门，到养兽场里去看望这批新到的居民。就连刚刚会跑的学龄前儿童，也都跑过来了。

狐狸用怀疑中夹杂着不安的目光，胆怯地瞅着热情的人

们。突然，有一只狐狸，旁若无人地打了一个哈欠。

“妈妈！”一位头戴无边小帽儿的小朋友叫道，“千万别把这只狐狸围在脖子上，它会咬人的！”

温室里的劳动

劳动者农场里，人们正在忙着挑选小葱根和小芹菜根。

生产队长的小孙女好奇地问道：“爷爷，你们这是在给动物们准备食物吗？”

队长笑了起来：

“乖孩子，这次你可没猜对。我们要把这些小葱和小芹菜的根栽种到温室里去。”

“栽种到温室里？为什么呀，让它们长大做种子吗？”

“那倒不是，我们想让它们在冬日里为人们提供绿色蔬菜。这样，冬天我们在吃马铃薯的时候，就能够往上面撒一些葱花，也能在汤里吃到芹菜那鲜绿的菜叶了。”

不用盖厚被

上周日，一位外号叫作“犟嘴傻大个儿”的九年级学生米克，到曙光农场参观。在一块马林果地旁边，他碰到了生产队长费多谢伊奇。

“爷爷，难道你的马林果不怕被冻坏吗？”米克显出一副很在行的样子。

“冻不坏的。”费多谢伊奇答道，“它们可以在雪底下平安地过冬。”

“雪底下过冬？爷爷，你没糊涂吧？这些马林果的个头儿比我可高多了，你不会指望下那么深的雪吧？”

“我是说普通的雪。”老人笑了，“聪明的小家伙，请你告诉我，你冬天盖的棉被，是比你站着还要厚呢，还是就是一种普通的棉被呢？”

“这跟我的身高有什么关系啊？”米克纳闷道，“我是躺着盖被子的。爷爷，你明白了吗？我是躺着盖被子的！”

“那你就应该知道了，我的马林果也是躺着盖雪被的啊。当然了，聪明的小家伙，你是自己躺到床上去的；而这些马林果则是由我这个老爷爷把它们弯到地上的。我让马林果一棵棵都弯下腰，把它们绑起来，这样它们就乖乖地躺在地上了。”

“原来是这样啊，爷爷，你可比我想象的要聪明得多！”米克感叹道。

“很可惜，小家伙，你可没有我想象中的那么聪明啊！”费多谢伊奇打趣地回答。

H. 帕甫洛娃

助 手

现在，我们每天都可以在农场的谷仓里看见孩子们。他们都在忙活着，有的帮忙挑选准备用于春播的种子，有的在菜窖里精选最好的马铃薯留做种子。

许多男孩儿，也会在马厩和钢铁厂里帮忙。

还有一部分孩子，经常在牛棚、猪圈、养兔场和家禽棚里担任助手。

我们一边去学校上学，一边帮助家人干一些力所能及的农活。

少先队大队长　尼古拉·利瓦诺夫

城市要闻

群鸟聚会

现在，涅瓦河已经结冰了。每天下午 4 点左右，都会有一群来自瓦西里耶夫斯基岛的乌鸦和寒鸦飞落在施密特中尉桥下的冰面上。

在一番激烈的争吵之后，鸟儿们分成好几队，陆续回到瓦西里耶夫斯基岛上的花园里。每一群鸟儿都在它们中意的花园里夜宿。

侦察兵

城市里的果园以及公墓里的灌木和乔木，都需要人们特别

地保护。然而，它们的敌人，就连人类也很难对付。那些家伙，异常狡猾，体形又小，人们的肉眼很难觉察到它。园丁们都拿它们没办法，逼不得已，他们只好找了一批专业的侦察兵来帮忙。

我们经常可以在果园和墓地的上空，看见那些侦察兵的身影。

领头的是一群头戴红圈帽的五彩啄木鸟。它们的嘴就像一支长枪，可以钻透厚厚的树皮。它们不时地大声发号施令：快克！快克！

跟在它们身后的是各种各样的山雀：有头戴尖顶高帽的凤头山雀，有厚厚的帽子上仿佛插了根短钉的胖山雀，有浅黑色的莫斯科山雀和浅褐色的嘴如锥子般的旋木雀，还有胸脯雪白的，它穿着天蓝色制服，嘴巴锋利得如同一柄短剑。

啄木鸟呼叫道："快克！"立即回复："特毋急！"山雀们答道："崔克！崔克！"于是，整个鸟群行动起来了。

侦察兵们迅速地飞上树干和树枝。啄木鸟发现了情况，它用又尖又硬的嘴巴，从树皮中钩出了蛀皮虫。头朝下，围着树干转来转去，瞅见哪个树缝里有害虫或者幼虫，就立即把它那柄锋利的"小短剑"刺了进去。旋木雀在树干下面转悠着，用它那小锥子似的嘴巴不停地戳着树干。成群结队的山雀在林中活蹦乱跳，它们那犀利的目光能看清树上的每一个小洞和每一条细缝，再加上它们那灵巧的嘴巴，害虫们是无论如何也躲不过去的。

充满诱惑的陷阱

冬日一到，我们身边那些漂亮的小伙伴——鸣禽，便开始受冻挨饿了。请多关心关心它们吧！

如果你家里有花园或者小院子，你就能很容易地招去一些鸟儿。当它们饥肠辘辘的时候，撒一点儿东西给它们吃；在这个寒潮频频来袭的季节里，为它们提供一个可以躲避风雨的小窝。如果你能够吸引一两只可爱的小家伙来到你精心为它们准备的温暖的小窝里，那你就有机会当场捉住它们。

你可以请小客人们在小房子的露台上免费享用你为它们准备好的大麻子、大麦、小米、面包屑、肉末、生猪油、凝乳、葵花子等！即便你住在大都市里，也会有许多可爱的小客人去你家做客的。

你可以用一根细铁丝或者细绳，一头拴在小房子那扇能闭合的小门上，另一头穿过窗户，通到你的房间里。机会一到，你只要轻拉一下铁丝或者细绳，那扇小门就会“砰”的一声关上。

还有一个更有趣的办法：把捕鸟房通上电！

不过，你千万别在夏天捕鸟。因为如果你捉走了大鸟，那些刚出生的嗷嗷待哺的幼鸟就会被活活饿死了。

狩猎

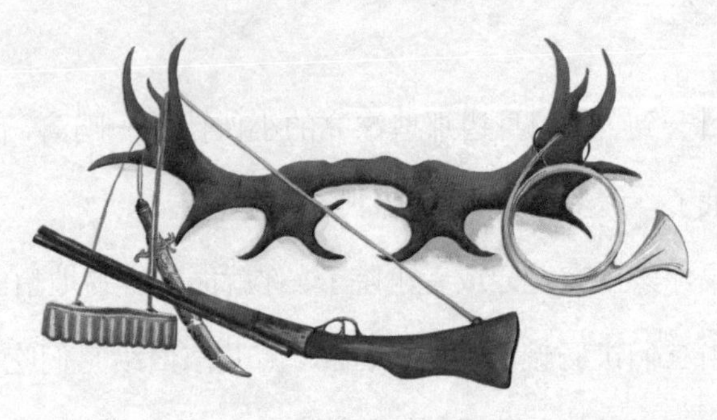

秋季，是一个猎取小皮毛兽的季节。临近 11 月份的时候，那些小皮毛兽的毛已经长齐了——它们脱下单薄的夏装，换上了一身既蓬松又暖和的冬装。

猎灰鼠

一只小灰鼠才有多大?

你可千万别小看它。在我们苏联人的狩猎事业当中，灰鼠比其他任何野兽都重要。仅仅是灰鼠的尾巴，全国每年就要消耗掉好几千捆。蓬松的灰鼠尾巴可以用来做帽子、大衣领、耳套以及其他一些御寒用品。

去掉尾巴的毛皮，用途也十分广泛。灰鼠皮可以用来做大衣和披肩。用灰鼠皮制成的浅蓝色女式大衣，既高贵漂亮，又轻便暖和。

初雪刚过，人们就开始猎灰鼠了。在那些灰鼠比较集中且容易捕获的地方，你甚至可以看见老人和一些十二三岁的少年。

猎人们有的成群结队，有的独自行动，他们在森林里一待就是好几个星期。他们脚上套着又短又宽的滑雪板，从早到晚一直不停地在雪地上来回奔波，或开枪打灰鼠，或放置和检查捕鼠器。

晚上，他们就在土窑里或者是那些低矮的、连腰都伸不直的小房子里过夜。他们在一种类似于壁炉的土炉子上做饭吃。

莱卡犬是北方特有的一种猎狗，就冬季在森林里协助猎人打猎的本事而言，世上还没有其他的猎犬能够和它相提并论。它是猎人们打灰鼠时的亲密合作伙伴。猎人们没有它，就像是失去了眼睛一样。

莱卡犬会为你找到白鼬、水貂和水獭的洞穴，并替你咬死这些小野兽。夏天的时候，莱卡犬会为你从芦苇丛中赶出野鸭，从灌木丛里赶出黑琴鸡。这种猎犬还会游泳，即使是冰冷的河水它们也不在乎，它们会跳进混有冰块的河水里，把

你打死的野鸭叼上岸来。秋天和冬天，莱卡犬的主要任务是帮主人打松鸡和黑琴鸡。这个时期，靠普通猎犬的眼神儿已经猎不到这两种野禽了。但是，莱卡犬有它的办法——蹲在树下，不停地冲着它们汪汪乱叫。这样莱卡犬就把它们的注意力全部吸引到自己身上来了，主人便有了开枪的机会。

在还没有下雪的初冬或者大雪纷飞的日子，莱卡犬还可以帮你找到驼鹿和熊。

如果你遭遇到猛兽的袭击，你忠实的朋友莱卡犬绝不会袖手旁观。它会从背后咬住野兽，拖延时间，让主人重新装上弹药，打死野兽。要么，它们就会牺牲自己的生命。最令人惊叹的是，莱卡犬能够帮助主人找到灰鼠、黑貂、猞猁等住在树上的野兽，任何其他种类的猎犬都做不到这一点。

冬日里，或者是深秋，你走在云杉林、松树林或者混合林里面，到处都是一片寂静，没有任何小动物出没的身影，也没有鸟鸣声，更不会有鸟儿从树上飞过。你会觉得周围是一片荒漠，没有任何生命的迹象，有的只是死一般的寂静。

可是，如果你的身边带着一条莱卡犬，那么感觉立即就不一样了。莱卡犬会在树根下搜到白鼬，从洞里撵出白兔，顺便带回一只林鼷鼠，它还会找到那些“隐身”的灰鼠——不论它们藏得有多么严实，莱卡犬总有办法把它们找出来。

事实上，猎犬既不会飞，也不会爬树，它究竟是如何找到灰鼠的呢？

专猎野禽的波形长毛狗和擅于追踪兽迹的兔犬，都有着灵敏的嗅觉。鼻子是这两种猎犬最基本也是最主要的“工具”。这些猎犬，有些可能看不清，有些可能听不清，但它们干起活来，依然漂漂亮亮。

莱卡犬却同时拥有三样“工具”——灵敏的嗅觉、敏锐的视觉、机警的耳朵。莱卡犬这三样“工具”实在是太厉害了，就像是它的三个仆人。

树上的灰鼠刚刚用爪子抓一下树干，莱卡犬那对机警的耳朵会立即告诉主人：附近有小兽了！灰鼠的小脚爪刚在针叶间一闪，莱卡犬的眼睛就会立即告诉主人：灰鼠在上面！一阵微风把灰鼠的气味吹下来，莱卡犬的鼻子就会立刻报告主人：灰鼠就在这儿！

莱卡犬依靠这三个忠实的仆人发现了小兽后，会立马通过它的第四个仆人——叫声，向主人传达信息。

一只优秀的莱卡犬，在发现猎物之后，绝对不会往树上扑，也不会用爪子去抓树干。它知道那样会把猎物惊走。一般情况下，它会蹲下来，目不转睛地盯着猎物的藏身地，竖起耳朵仔细地听，隔一会儿叫几声。在主人到来之前它是不会离开的。

打灰鼠的方法很简单：被莱卡犬发现以后，灰鼠的注意力都集中到了猎狗身上。猎人只要别发出太大的响声，悄悄地走过去，瞄准开枪就行了。

用霰弹打灰鼠很容易。可是，猎人们一般会用小铅弹，并且多是击中头部，这样可以避免损坏灰鼠皮。冬天，灰鼠受伤以后不容易死，因此，一定要瞄准并击中要害。否则，它们逃进浓密的树林中，你就再也找不到它们了。

猎人们还常用捕鼠机和其他捕兽器捉灰鼠。

人们经常这样安装捕鼠机：拿两块短厚的木板，固定在两棵树干之间；在下面那块板上支起一根细棒，不让上面的木板掉下来，细棒上挂着香喷喷的诱饵，诸如蘑菇或者干鱼之类灰鼠喜欢吃的东西。灰鼠一拉诱饵，上面的木板就会落下来，把它夹住。

只要雪不是太深，一整个冬天猎人们都可以猎捕灰鼠。春天一到，灰鼠就要脱毛了。在深秋以前，也就是在它们重新披上华丽的淡蓝色皮毛以前，猎人们是不会去打它们的。

带斧头打猎

猎人们在打那些凶猛的小皮毛兽时，用斧头的机会往往比用枪的机会多。

莱卡犬靠它那灵敏的嗅觉找到了那些藏着黄鼬、白鼬、银鼠、水貂或水獭的洞。至于如何把它们从洞中赶出来，那就要看猎人的本事了。这可不是一件容易的事情。

那些凶猛的小兽，往往把洞挖在地底下、乱石堆中或者树根下。当危险降临的时候，不到最后关头，它们是不会离开老窝的！猎人们只好用探针伸进洞里去捣，或者用手搬开石头，要么就用斧头劈开粗大的树根，敲碎冻土，实在不行，就用烟把猎物从洞中熏出来。

只要它们一出来，那就是死路一条了：莱卡犬是无论如何也不会放过它们的，它们会被活活咬死。

猎　貂

想猎取森林里的貂可不是一件容易的事。尽管你能很容易地找到它们捕食鸟兽的地方：那里雪被踩得乱七八糟的，地上还有斑驳的血迹。但要想找到它们饭后的栖身之地，那就需要有一双

非常锐利的眼睛。

貂常在空中奔跑：从这根树枝跳上那根树枝，从这棵树跳上那棵树，跟灰鼠一样。不过，貂跳过的地方都会留下痕迹：折断的小树枝，脚爪抓下的小块树皮，枯枝刮下的貂毛以及它蹭下的果球。一位经验丰富的猎人可以根据貂留下的这些痕迹来判断它的行走路线。这条路线很长，猎人必须加倍注意才能跟准线索，把这条狡猾的小兽给找出来。

塞索伊奇第一次找到貂迹的时候，没有带猎犬。他只身一人追了过去。

他套着滑雪板走了很久，一会儿信心十足地向前冲出一二十米，因为貂在那边的雪地上留下了脚印；一会儿慢腾腾地朝前移动着脚步，仔细地查看这个小家伙留下的细微的痕迹。那天，他不断地抱怨，后悔没有把他那忠实的朋友莱卡犬带出来。

塞索伊奇在森林中度过了一个夜晚。

这个小老头儿燃起了一堆篝火，从怀中掏出一块面包，好歹对付过了这个漫长而寒冷的夜晚。

第二天一大早，塞索伊奇就沿着貂留下的痕迹，来到一棵巨大的云杉树前。运气实在不错！在云杉的树干上，他找到了一个树洞。貂一定是睡在这里面，而且还没离开。

塞索伊奇扣上扳机，右手握着枪，左手拾起一根树枝便往树干上敲去，然后迅速扔掉了树枝，双手端起枪来。只要貂一跳出来，他就立即开火。

貂没有出来。

塞索伊奇又捡起树枝重新使劲地敲了敲。

貂依然没有出来。

“可能是睡熟了吧！”塞索伊奇懊恼地猜测道，“醒来吧，瞌睡虫！”

塞索伊奇不耐烦了，举起树枝使劲地往云杉上一敲，树林里立刻响起了回声。

原来貂没有在这个洞里面。

这时，塞索伊奇才想起来，应该查看一下树周围的情况。

原来，这棵树是空心的，在树干的另一面，一根枯枝下还有一个洞口。枯枝上的雪已经被碰掉了。显然，貂已经从这个洞口溜走，逃到别的树上去了。粗大的树干挡住了猎人的视线，因此猎人没看见。

塞索伊奇实在想不出其他的办法，只有继续向前追。

他认真地查看了那些几乎难以辨认的痕迹，一天很快又过去了。

天快要黑了，塞索伊奇终于找到一处清晰的痕迹。这痕迹清楚地表明，貂就在这附近。猎人很快找到了一个松鼠洞，貂

就是在那里赶走了松鼠。一看就知道，这个强盗追击了松鼠很长时间，最后在地面追上了它。松鼠体力耗尽，失足从树上掉了下来，于是，貂上去一个猛扑，把它死死地摁在了地上，毫不客气地把它吃掉了。

是的，塞索伊奇追踪的路线完全正确。可他已经没有力气接着追下去了：从昨天开始，他就没吃过饭。身上仅有的一点儿面包屑已经吃完了，气温又这么低，继续留在森林里肯定会被冻死的。

塞索伊奇懊恼地骂着，转过身来沿着自己的足迹往回走。

"要是看见这小野兽，"他暗想，"只要一枪，它就完蛋了！"

塞索伊奇再一次走到那个松鼠洞前，他越想越生气，于是摘下肩上的枪，连瞄准都省了，直接往洞中开了一枪。他想借此发泄一下藏在心中的怒气。

突然，从树上掉下来一团树枝和苔藓。让塞索伊奇吃惊的是，和这些东西一起滚落的，还有一只细长多毛的貂。临死以前，它还在不住地抽搐呢！

塞索伊奇后来才知道，这种事情很常见：貂抓住松鼠，饱餐一顿之后，就会钻到被它吃掉的松鼠的温暖的窝里，蜷作一团，美美地睡上一觉。

白天和黑夜

12 月中旬，松软的积雪已经齐膝深了。

夕阳西下，黑琴鸡一动不动地蹲在光秃秃的白桦树上，给玫瑰色的天空抹上了一丝黑影。不一会儿，它们突然一只接一只地向雪面扑去，转眼就不见了。

夜色降临了，没有月亮的夜晚到处漆黑一片。

在黑琴鸡消失的那片林中空地上，塞索伊奇冒了出来。他手里拿着捕鸟网和照明的火把。浸透了树脂的亚麻秆熊熊燃烧着，照亮了附近的夜色。

塞索伊奇一边慢慢地往前走着，一边屏气凝神地静听。

突然，在他前面约两步远的地方，钻出了一只黑琴鸡。火把发出明亮的光芒把它的眼睛都照花了，它就像一个巨大的黑色甲虫，在原地打转儿。塞索伊奇连忙用网罩住了它。

就这样，塞索伊奇在夜晚捉了好多只黑琴鸡。

在白天，他改乘雪橇开枪射杀它们。

这真叫人无法理解：站在树顶的黑琴鸡，绝对不会给带着猎枪步行的人们以任何接近它的机会。可是，这个猎人如果乘着雪橇，即便他带着整个农场的车队驶过，这些黑琴鸡也想不到要赶紧逃命！

本报特约记者

打靶场

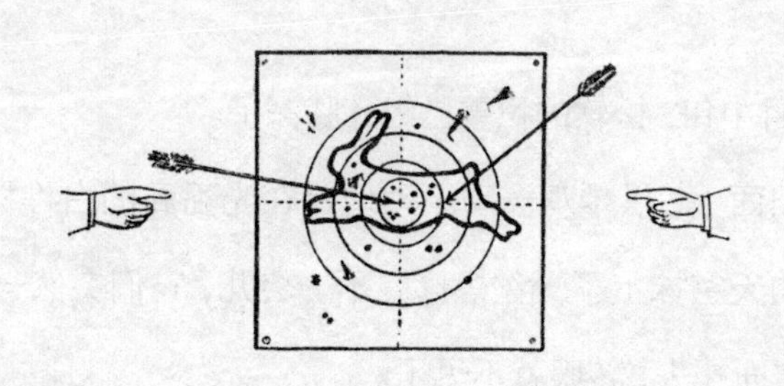

第九场竞赛

1. 虾在哪里过冬？

2. 冬天，鸟儿最害怕的是寒冷还是饥饿？

3. 如果兔子身上皮毛很晚才变白，那么这年的冬季来得早，还是来得晚？

4. “啄木鸟的打铁铺”是怎么回事？

5. 我们这儿，什么样的黑夜猛禽只会在冬季出现？

6. “兔子的阴谋”是怎么回事？

7. 秋冬两季，乌鸦一般在什么地方睡觉？

8. 最后一批海鸥和野鸭，一般在什么时候飞离我们？

9. 秋冬两季，啄木鸟和哪些鸟儿结成伙伴？

10. 追踪兽迹的猎人所说的“爪迹”指的是什么？

11. 猫的眼睛在白天和夜里有什么不同？

12. 善于辨认足迹的猎人称什么为“双重足迹”？

13. 善于辨认足迹的猎人所说的“雪地兔迹”指的是什么？

14. 什么动物到了冬季除了尾巴尖儿，全身都变白了？

15. 下图是食草动物和食肉动物的头骨。如何根据牙齿把它们区别开来？

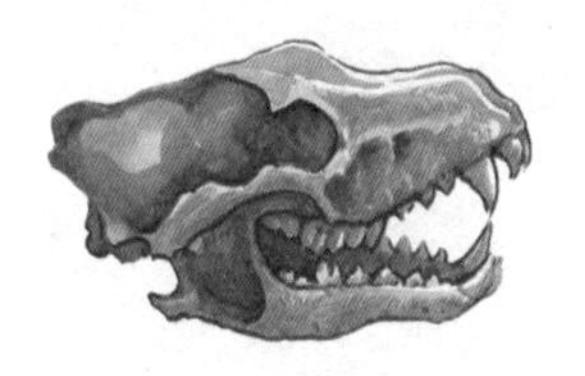

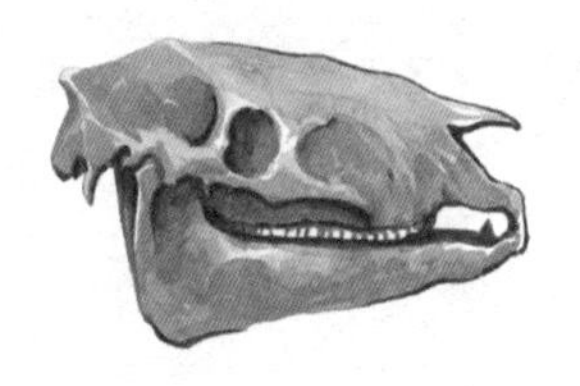

16. 无手无脚到处奔，到处敲打窗和门，只为能把屋来进。（谜语）

17. 一样东西地上躺，两盏灯儿闪闪亮，四根棍子分开放。（谜语）

18. 我自海水来，就怕入大海。（谜语）

19. 比煤炭还黑，比白雪还白，比房屋还高，比青草还低。（谜语）

20. 有个大汉真不错，穿着靴子路上过，肩上的袋子越沉重，他的心里越快乐。（谜语）

21. 院里立草垛，前面有把杈，后面拖扫把。（谜语）

22. 走路不看天，身上也不痛，就是爱哼哼。（谜语）

23. 一所小绿房，没有门和窗，人却挤满堂。（谜语）

24. 长啊长，钻出了叶；放在掌心能打滚，放在嘴里就能啃。（谜语）

通 告

“火眼金睛”大比拼

第八次测试

这是谁干的？

1. 图 1 是什么动物的脚印？

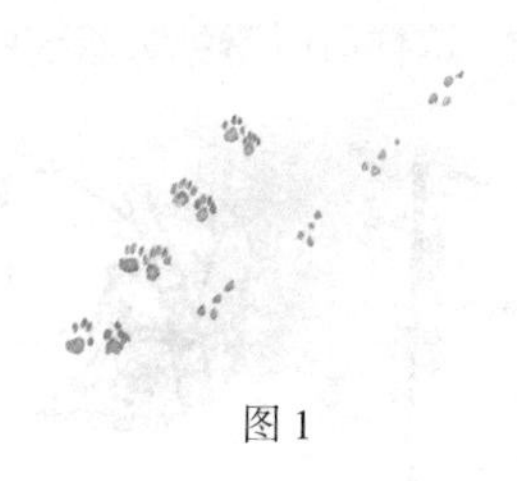

图 1

图 2

2. 图 2 中的屋顶上，总有个家伙转来转去的，这是什么动物？它为什么这样做？

3. 图 3 雪地里的小圆窝是什么？是什么动物在这儿过夜了？留下的脚印和羽毛是哪种动物的？

图 3

图 4

4. 看图 4，这里发生了什么事？为什么有这么多脚印？树杈上留下的犄角是哪种动物的？

请为鸟儿搭建一个免费食堂

我们可以用绳子把一块小木板悬挂在窗外，在上面撒上一些食物：面包屑、干燥的蚂蚁卵、面粉蛀虫、蟑螂、煮熟的蛋屑、大麻子、山梨果、蔓越橘、白球花果、小米、燕麦、牛蒡子等。

不过最好还是在树上安置一个饲料瓶，瓶口下面放一块木板。

还有更好的办法，那就是在院子里放置一张带着顶棚的饲料桌，这样可以避免雪落到桌上。

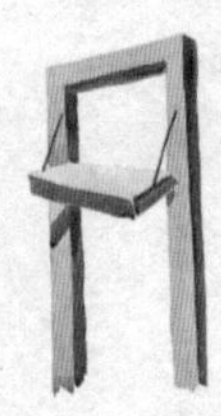

快来帮助挨饿的鸟儿吧

请记住，我们的好朋友——鸟儿们的最艰难的时刻就要到来了。这是它们受冻挨饿的日子。不要再等到春天了，现在就开始为它们搭建一些温暖的小房子吧，树洞、人造鸟房或者小板棚都行。这样，它们就能在恶劣的天气里有一个温暖的去处。许多小鸟为了躲避无情的风雪，往往会钻到屋檐和门洞里过夜。有一只小鹪鹩，居然钻到钉在木柱上的邮箱里过夜。

希望你能够在椋鸟房和树洞里（参阅本报第一期和第二期的通告），铺上羽毛、绒毛和破布。这样，寒冷的冬日里，鸟儿们就有了暖和的褥子和被子。

第七场竞赛

1. 9 月 21 日秋分。

2. 兔子。晚生的小兔因此被称为“秋兔”。

3. 山杨叶。

4. 并非都是如此。有些经过乌拉尔山，向东飞去，如朱雀。

5. “杈角兽”的叫法是因为公驼鹿的犄角很像树杈。

6. 兔子和鹿。

7. 雄黑琴鸡。它们在春秋两季求偶时发出咕噜咕噜的叫声。

8. 生活在地面上的鸟类善于行走，脚趾分得很开。这样的鸟行走时两脚按次序行动，故脚印落在同一条线上。生活在树上的鸟类善于在树枝上停栖，故脚趾收紧。这样的鸟不行走，而是双脚同时跳跃，脚印是成双的。

9. 鸟儿飞离的时候打得更准，追上鸟儿的霰弹能打进羽毛

里；而正对鸟飞来方向射击时霰弹可能从紧密的羽毛上滑过，而伤不了它。

10. 这表明森林里的这个地方有动物尸体或受伤的动物。

11. 因为在同一地方，雌鸟将孵育小鸟。射猎雌鸟，野禽就会搬走。

12. 蝙蝠。它长长的脚趾连着皮膜。

13. 随着初寒的降临它们中大部分都死去了。有一些钻进了墙隙中，或者是树皮的下面，就在那里越冬。

14. 面向日落方向，对着晚霞能较清楚地看见飞过的野鸭。

15. 当猎人没有击中它时。

16. 秋播作物：今年播种，明年收获。

17. 毛脚燕。

18. 树叶。

19. 下雨。

20. 狼。

21. 麻雀。

22. 白蘑菇。

23. 夏天，桑悬钩子；秋季，榛子。

24. 稻草人。

第八场竞赛

1. 上山快。兔子的前腿短后腿长，所以兔子向山上跑方便。

2. 鸟巢。在落尽叶子的树上能看见夏季隐蔽的鸟巢。

3. 松鼠。它把蘑菇搬到树上，挂到树枝上，冬季没有食物时就找这些蘑菇吃。

4. 青蛙。

5. 这种鸟很少。猫头鹰为自己收集死鼠藏在树洞内，松鸦收集橡实、核桃等坚果。

6. 蚂蚁把蚁穴所有的出入口都堵住，聚成一堆。

7. 空气。

8. 黄色或褐色。接近发黄的植物，灌木、树木、草等的颜色。

9. 秋季。因为秋季鸟长得很肥，厚厚的脂肪层和紧密的羽毛能保护它免受霰弹的打击。

10. 蝴蝶的。

11. 昆虫有 6 只脚，蜘蛛有 8 只脚，所以蜘蛛不是昆虫。

12. 下到水底，钻进石头下、泥坑、淤泥或苔藓下，有些甚至钻进地窖里。

13. 每一种鸟的脚都和它的生活条件相适应。在地面生活的鸟，它的脚适宜在地面行走：脚趾长长的，张得很开，脚跖比较高。在树上生活的鸟，它的脚适合于在树枝上停栖：脚趾彼此靠得近，弯曲而且有握力，腿也较短。生活在水中的鸟，它的脚适合泅水，能起到桨的作用：鸭子的脚趾用皮膜连成一片，凤头鸊鷉的脚趾上有硬皮片，帮助它划水。

14. 田鼠的脚。它的爪子适合掘土，就如鱼鳍适合划水一样。

15. 猫头鹰竖起的双耳只是两撮羽毛，真正的耳朵在这两撮毛下面。

16. 从树上落下的叶子。

17. 河水。水面上的泡沫。

18. 葎草。

19. 地平线。

20. 过第四年。

21. 鹅，鸭子。

22. 亚麻。

23. 公鸡。

24. 鱼。

第九场竞赛

1. 在河边和湖边的洞穴里。

2. 对鸟类来说饥饿更可怕。比如野鸭、天鹅、海鸥，如果有食物，并且有些地方水面不结冰的话，它们常常留在我们这儿度过整个冬季。

3. 晚冬。

4. “啄木鸟的打铁铺”是人们对树木和树桩的称呼，啄木鸟把球果塞进那里的缝隙，以便用喙啄开它。

5. 北方的雪鹀。

6. 兔子从接连不断的一行脚印中向旁边跳开。

7. 在果园里、丛林中和树上。那些地方，从黄昏开始便有大群的鸟儿聚集。

8. 当最后的湖泊、池塘和河流都被封冻时。

9. 在秋季（包括整个冬季），啄木鸟和成群的山雀、旋木鸟结成伙伴。

10. 野兽的爪子在雪地里拔出时从雪窝里带出少量的雪，它们会用爪子抹平。这些用爪子抹过的痕迹就叫“爪迹”。

11. 不一样。白天在阳光下猫的瞳孔小；到夜晚瞳孔变得很大。

12. 兔子在上面来回跑过两趟的足迹。

13. 雪地里兔子的足迹。

14. 白鼬。

15. 食肉兽的颌骨从它大而明显突出的犬齿更容易认出。食肉兽的犬齿是它用来撕咬肉的。食草动物的牙齿是用来扯断

和磨碎植物的，它的犬齿不突出，但是食草动物有强劲的门牙。

16. 风。

17. 狗。它趴下睡觉，两眼炯炯有光，四条腿伸开。

18. 盐。

19. 喜鹊。

20. 扛着猎枪、身背猎物的猎人。

21. 公牛。

22. 猪。

23. 黄瓜。

24. 榛子。

“火眼金睛”大比拼答案及解释

第六次测试

图 1　野鸭光顾了这个池塘。注意沾着露水的苔草内和覆盖水面的浮萍上的条纹。这是野鸭游荡和泅水时留下的痕迹。

图 2　十字形花纹是脚趾的痕迹，圆点是林中的鹬——丘鹬用长喙在疏软的土里啄出的小孔。丘鹬在下雨时走到林间道上，在水洼松软的岸边觅食（蚯蚓等软体动物）。

图 3　一只个头儿不高的野兽啃光了离地面较低的那段白杨树皮。这是兔子干的。

兔子不可能啃食树上这么高位置的树皮，因为它够不着。这应该是个头儿很高的动物啃的。这是驼鹿。它还折断并吃了一部分白杨树的细枝。

图 4　这是狐狸的杰作。狐狸捕获小动物后把它杀掉，并从没有芒刺保护的腹部开始吃。

第七次测试

图1 （1）这是交嘴鸟的杰作。它们把身子挂在树枝上，摘下球果，从中啄出几颗种子，就把它扔了。

（2）地面上的松鼠捡起了交嘴鸟抛弃而没有吃干净的球果，跳上一个树墩，吃光球果的果实，它吃过后球果就只剩果心了。

（3）林鼠加工榛子时先在上面用牙齿啃出一个小孔，再吃里面的果肉。松鼠则把外壳都啃去再吃果肉。

（4）松鼠在小树枝上晾蘑菇。它将它们晾干是有先见之明的：当饥饿的季节来临时，它就有了在树上储备的食物。

图2　在这里劳动的是啄木鸟。犹如医生在给病人听诊，啄木鸟叩击着遭受害虫幼虫侵害的树木。它围着树干跳跃着，在上面叩击着，用自己坚硬带棱角的喙在上面留下一圈小孔。

图3　牛蒡的头状花序是红额金翅雀很喜欢吃的。

图4　这里熊曾经来过。它用自己的脚爪撕下一条条云杉树皮，然后拖进自己的洞里，做褥子用，使自己整个冬季睡得软和些。

图5　这里是驼鹿当家作主的地方。它在这儿已经站了很久了，你看地面被践踏成什么样儿了。它会掀翻一棵小白杨、赤杨或花楸树，作为自己的美餐。在大部分树上它啃食的只是

新鲜的梢头，而且被它吃掉的还没有被它折断的多。

第八次测试

图 1　这里一条狗在追踪雪兔。兔子的足迹是大步跳跃式的，向着这行足迹斜冲过来的是狗的足迹。

图 2　这间板棚的屋顶上夜间停过一只灰林鸮。它守候着：会不会有小家鼠或大老鼠走来？它久久地蹲着，踏着步子，转动身子四下里张望，所以就留下了星形的足迹。

图 3　黑琴鸡在这儿的雪下过夜，留下了痕迹和羽毛，从里面飞出时就在雪地里形成了一个个小圆窝。

图 4　是驼鹿在这儿待过。它正值脱角的时节，所以它就在一个地方不停地踏步，把双角在树枝上摩擦。终于一只角被掰了下来，卡在了树杈上。春天到来前驼鹿还会长出一对新角的。

基特的故事释疑

在篝火边

关于野鸭的故事，说得半对半错。确实，在那里有那么大个头的野鸭在狐狸洞里孵育小鸭。但说野鸭杀死并吃掉野兽，就显然是胡说八道了。叶甫赛依爷爷看到的多半是狼吃剩的残渣。狼在狐狸洞口边追上了狐狸，杀死它，撕碎吃了，而老人误认为是野鸭吃了狐狸。如果这一点你判断正确，就得 1 分。

伊凡爷爷所说的都是事实，并没有添油加醋。这个叫维坚卡的男孩儿用枪声震晕了我们这儿最小的鸟——戴菊鸟。枪声响起，它猛然倒地，就跟死掉了一样。不久，又复苏，从地上爬起，活蹦乱跳的！如果你认为这些都是事实，都是正确的，那么你可以得到 2 分。

在熊身上，也确实经常会发生这样的事。人突然之间受到惊吓，是非常有害的。虽然说这里受惊的不是人，而是熊，但都一样，反正不能这么吓唬人。人的心脏也会和野兽的心脏一样爆裂的。如果你答对了这点，就得 2 分。

至于白山鹑……这种情况确实使人想到了吹牛大王闵希豪

生男爵：他向山鹑只开了一枪，结果打死了将近10只鸟。但是，如果你想到当时一窝窝的山鹑是密密匝匝地紧挨在一起的，如果再考虑到伊凡爷爷射出的是霰弹，而霰弹枪里面一次装填的就有100多颗霰弹，那么，他这一枪有这样的结果，就不足为奇了。这种情况完全可能发生。如果你猜出是这么回事，那么，你就可以得到2分。

鹞鹰的事也是真实的。霰弹枪打中了苍鹰的背部，它被打死，掉了下来，伊凡爷爷这才发现，自己这一枪不仅猎获了猎物，还收获了它的战利品。这点占2分，如果答对了，就得2分。

少校没有打中野鸡，反而射中了丛林里面的野猫，这件事也并不值得惊讶。主要得看清往哪儿开枪，要不偶尔也会打死人。如果你的回答正确，就得2分。

伊凡爷爷的瞎眼猎狗的事，是千真万确的。道理很简单：猎狗在追踪野兽时，是靠着敏锐的嗅觉追踪的，而不是靠眼睛。老猎犬丧失了视力，但它的嗅觉依旧十分灵敏。它凭借自己出色的嗅觉，就可以知道前方有什么东西，所以它凭嗅觉可以追踪兔子，甚至不会撞到树木和树墩。这点占2分。

猎狗看着写着猎物名称的纸张，做出相应的动作，根本就解释不通，完全是一个弥天大谎。说什么狗能识字，

太荒唐了！如果你答对了，将得到2分。

伊凡爷爷最后说的也不对，在意想不到的地方，他出错了。亲爱的读者，你们如果犯同样的错误，将得不到分数。

伊凡爷爷说叮人的蚊子有雄蚊子。可是，你们知道吗？雄蚊子根本就不叮人，只有雌蚊子才叮人。

只有雌蚊子才吸血。它们如果不吸足血，就无法产卵，难以繁衍后代。而它们的"男伴"，即雄蚊子，不吸血，它们只喝花的蜜汁或者植物的汁液。如果你知道这个常识，就得到2分。

这是其一。其二，伊凡爷爷说："苍蝇明白，它们剩下的日子不多了，所以才变得那么可恶，那么坏，比蚊子还会叮人。"许多人可能都抱着这样的想法：苍蝇会在临死前，开始叮人。事实上，叮人的原本是另一些蝇类。普通的家蝇，是黑色的，不会叮人，而这里说的叮人的苍蝇，是那些灰色的、长着细长的尖刺的蝇类。只要稍稍留意观察，就很容易将它们分辨清楚。如果这么复杂的问题，你也回答上来了，那么恭喜你，你将得到2分。